全国高等院校产品设计专业系列教材

PRODUCT DESIGN

张锡 主编

设计材料与加工工艺

第三版

化学工业出版社

·北京·

内 容 简 介

本书定位于工业设计、产品设计等相关专业，针对专业的交叉学科特点，帮助学习者认识材料及加工对产品设计的重要性。主要讲解了设计中常用的材料的发展、基本类型、基本属性、加工工艺等内容，并将其运用到设计实践中去。此外，还从产品设计的角度介绍了产品增材制造和材料创新设计，以适应新的发展需求。

本书可作为高等院校工业设计、产品设计等设计类专业的教材，也可作为高职高专产品设计等相关专业的教学用书，同时还可供相关从业人员参考学习。

图书在版编目（CIP）数据

设计材料与加工工艺 / 张锡主编. — 3版. — 北京：
化学工业出版社，2023.12
ISBN 978-7-122-44258-1

Ⅰ.①设… Ⅱ.①张… Ⅲ.①产品设计 – 高等学校 –
教材 Ⅳ.①TB472

中国国家版本馆 CIP 数据核字（2023）第 186274 号

责任编辑：李彦玲　　　　　　　　　　　　文字编辑：吴江玲
责任校对：王　静　　　　　　　　　　　　装帧设计：王晓宇

出版发行：化学工业出版社（北京市东城区青年湖南街 13 号　邮政编码 100011）
印　　刷：北京云浩印刷有限责任公司
装　　订：三河市振勇印装有限公司
787mm×1092mm　1/16　印张 14　字数 340 千字　2024 年 2 月北京第 3 版第 1 次印刷

购书咨询：010-64518888　　　　　　　　　售后服务：010-64518899
网　　址：http://www.cip.com.cn
凡购买本书，如有缺损质量问题，本社销售中心负责调换。

定　　价：59.80 元

"设计材料与加工工艺"是针对工业设计（或产品设计）等专业所开设的必修课程，课程的宗旨是要从工业设计的视角来探讨材料对产品设计的重要性。相较于工程设计，工业设计在满足产品技术设计条件如功能性和安全经济的基础上，更要关注用户的体验如使用的愉悦度与适应性，从而以设计来改善用户生活质量，提升产品的价值。

人类进入工业文明以来，每一次工业革命所带来的科技创新发展，都对社会生产、生活方式产生了深远的影响，这自然也包含材料创新对产品设计的影响及设计对材料创新的促进。今天，当以信息技术与人工智能等为特征的新工业革命时代到来之时，将会给产品设计材料带来什么样的新变革、发展和机遇？对工业设计抑或工业设计教育都将是全新课题。

我们正步入高质量发展的时代，党的二十大报告明确提出："加快构建新发展格局，着力推动高质量发展"；中共中央、国务院印发的《质量强国建设纲要》提出，要发挥工业设计对质量提升的牵引作用，推动工业品质量迈向中高端。高质量发展必然需要高质量的人才和知识。

《设计材料与加工工艺》（第三版），即是面对新时代变化的产物。本书的前两版被国内多家高校设计专业采用，承蒙广大教师、学生和有关读者的厚爱使本书得以多次印刷发行。本次修订依然秉持教材撰写初心，定位于产品设计类专业课程的需求，面向工业设计（产品设计）专业的学习者。在对全书的章节框架进行优化调整和内容更新的同时，编写过程中重点阐述四类材料（金属材料、无机非金属材料、有机高分子材料、天然高分子材料）以及这些材料的特性、成型、加工、装饰和设计应用等内容。此外，增加了增材制造和材料创新，适应设计专业发展新的需求。

本教材由张锡（南京理工大学）任主编，其他参与编写的是一批有多年教学经验的骨干教师王文明（南京航空航天大学）、刘玮（南京林业大学）、陆建华（南通大学）、曹曼（中国矿业大学）、侯亚婧（南京工程学院）。其中，张锡编写第 1 章，侯亚婧编写第 2 章、第 3 章，王文明编写第 4 章，刘玮编写第 5 章，陆建华编写第 6 章，曹曼编写第 7 章。同时在编写过程中得到了南京理工大学工程训练中心缪莹莹以及工业设计系师生的支持与帮助，在此一并表示感谢。

由于编者的水平和学识有限，书中难免存在不足之处，衷心期待读者批评指正，以利修订。

编者
2023 年 8 月

目录

第6章

增材制造

第7章

材料创新

参考文献　　217

第 1 章

概论

设计是人类有目的的创新实践活动的先导和准备，人类改造世界的创造活动，是通过设计并利用材料来创造各种产品得以实现的。

材料为设计奠定了物质基础，设计使材料成为有用形态。设计和材料的演变随着人类需求的不断提高而向前发展，两者协同促进，推动时代的进步和工业与技术的变革。

从设计学的视角观察材料的世界，有益于设计师的创新与创造。

1.1　设计与材料

设计是人类为了自身的生存和发展而进行的一种造物活动。设计伴随着人类的历史漫长而久远，它几乎与人类的生活史同样悠长。当石器时代人类的祖先开始尝试制造工具和物品时，设计的活动即初见端倪（图1-1、图1-2）。"一部人类的文化史，不论哪个地区和民族，可以说都是从制造工具和生活用品开始的。千万年以来在这个历史的长河中，虽经战乱和人事变迁，造物活动却始终没有间断，而且越来越多样，越来越先进。"设计是人类所特有的一种造物活动，是指人们在生产中有计划、有意识地运用工具和手段，将材料加工塑造成可视的或可触及的，具有一定形状的实体，使之成为具有使用价值或具有商品性的物质。人类的这一造物活动满足了自身在物质上与精神上的需要，同时也达到与周围生存环境的协调。今天设计已渗透于人们生活的每一个方面，衣、食、住、行无不和设计的产物有关。设计正改善和影响着人类的生存状态和生活方式。

图1-1　新石器时代彩陶罐

图1-2　新石器时代石斧

人类的造物活动离不开材料，材料是人类活动的基本物质条件。那么什么是材料呢？我们生活的地球表层覆盖着由天然岩石及矿物组成的自然物，这些岩石与矿物组成的自然物便是构成材料的基本原料。如果将天然生成且尚未加工的物质叫作原料，那么这些原料经加工处理后产生的物质就叫作材料。材料是可以为人类用来制造产品和工具的物质。在我国古代有所谓"物曲有利"的说法，即以各种物质材料，改变其形，偏重其利，所制成的器物。相对于自然物来说人造物就是以自然物为基础，或改变其形态，如木材之于家具；或改变其性质，如黏土之于陶器。现代化学的发展，开阔了材料的领域，"合成材料"的制造，其实也是对于自然物的利用。正是材料的发现、发明和使用，才使人类在与自然界的斗争中，走出混沌蒙昧的时代，发展到科学技术高度发达的今天。

器物是时代的产物，映射着一个时代的文化、经济和生活方式，更体现了新材料、新技术、新工艺的发展水平。例如由于钢铁、玻璃等新材料的应用，出现了1851年英国国际博览会上的水晶宫，这种类似温室建筑的结构形式，反映出当时对新工业材料的创造和新的美学追求。设计主导了材料的选择，但有时新材料的出现催生了新产品研发或已有产品的变革，每一次新材料的出现又会给设计带来新的飞跃。在现代社会中，尽管人们的物质生活得到了很大的改善，但人们仍期望通过对新材料的开发与应用，充分利用材料的性能特征，来提高产品的质量或达到某种新的功能要求，从而进一步提高人们对美好生活的向往。

2008年北京奥运会竣工的中国国家游泳中心"水立方"建筑，将水在泡沫形态下的微观分子结构经过数学理论的推演，放大为建筑体的有机空间网架结构。采用新型的环保节能ETFE膜材料为围护，由多个气枕组成，覆盖面积达到10万平方米，堪称世界之最（图1-3）。

科学技术的发展使人们对材料的概念在不断发生变化。早期的材料都是以自然为主的原始材料，工业革命以后，出现了工业材料如合成材料、半导体材料等，从

图1-3　北京奥运会"水立方"建筑

根本上改变了人们对材料的直观感觉和体验。我们感觉柔软的材料实际上却具有极高的强度，感觉体积巨大的物体却不具有相应的重量。随着所谓基因材料、克隆材料和碳纳米管、超级纤维材料的出现和运用，人们对材料的认识发生了根本的改变，从一种对材料的宏观和表面的认识进入一种微观和深入的理解。如2019年，市场流行的手机后盖"3D升级版的渐变设计"所产生的幻彩系列等光学效果，就属于纳米结构色的应用（图1-4）。

在设计中，对新材料的开发与应用成了提高产品效用和产品新功能开发的重要因素。如塑料材料的出现，其优良的化学和物理性能就很快获得了设计师的青睐，塑料随之被广泛地应用到家具、家用电器的设计之中，不仅大大地提高了这些产品的使用效率，同时也扩展了这些新产品的使用功能。杜邦公司发明了尼龙材料，开发了一系列的尼龙产品就是一个很好的佐证。氟树脂的发明，由于其优异的热性能，易清洁、不粘油、无毒等特征，就出现了像"不粘锅"及易清洁的脱排油烟机等新产品的问世。自从发现了高温超导陶瓷以后，世界上又成功地研究了超导磁体，并利用超导磁体的性能，成功研制了高速超导磁悬浮列车。目前我国具有完全自主知识产权的时速600千米高速磁浮交通系统成功下线，这是世界首套设计时速达600千米的高速磁浮交通系统；标志着我国掌握了高速磁浮成套技术和工程化能力（图1-5）。记忆合金的出现，由于其特殊的化学、物理特性，被广泛地应用到电器、航天飞机、医疗器械及机械自动化等的设计领域。

图1-4 运用纳米结构色技术的手机后盖　　　　图1-5 中国磁悬浮列车

由于不同的材料具有各自不同的性能特征，因而一旦材料被应用到某个具体的产品时，就会给这一产品产生形态、构造乃至视觉上的影响。在现实生活中，我们也能真切地感受到，即使是同样的产品，由于采用的材料不同，都会给人们留下不同的使用感受。此外，不同的材料有着不同的加工方法和成型工艺，而不同的加工工艺也将对产品的形态起到直接的影响。20世纪30年代早期的台式收音机外壳，采用的是人工夹板拼装工艺，产品形态只能以直线大平面为主，造型呆板生硬。由于塑料的出现和注塑技术的成熟，收音机壳体成型材料和成型工艺得到了彻底的改变，使产品的形态由以前单一的直线平面发展到当前的各种曲线、体面互为组合，丰富多彩的造型形式（图1-6）。

(a) 20世纪30年代木壳收音机　　　　　　　(b) SONY新宽塑料外壳防水收音机

图1-6 材料与工艺对造型的影响

自行车的车架结构除了要满足力学上的要求外，还要严格受其材料的加工工艺的制约。近百年来，由于自行车的车架一直受钢管的弯曲和焊接等工艺的限制，车架的形态基本上呈三角形。随着碳纤维增强玻璃钢合成材料的出现，由于它有重量轻、强度高、整体成型等特点，因而被用作自行车的车架材料，彻底改变了传统的三角形框架，使自行车的外形形态发生了重要的变化。合成材料车架的自行车，由于充分发挥了该材料的性能特点，采用了新的加工工艺，使其改变了传统的自行车结构，并配以新颖的传动方式，整个车子形态显得格外轻盈、美观而富有动感（图1-7）。

在以消费者为导向的市场经济条件下，企业越来越重视通过提高产品的附加值来赢得市场。产品的附加价值是对产品机能、材料与感性三者的统一，体现在产品的"心理价值""设计价值""信息价值"上。通过对各种设计材料的运用不仅可以建立起产品的个性，更可以作为一种设计战略对企业产品形象的建立起着提升的作用（图1-8）。

图1-7　采用碳纤维加强玻璃钢合成材料的自行车　　　图1-8　早期用材料阐释科技的iMAC电脑

当越来越多的企业开始通过设计战略来占有市场的时候，对材料、形态和色彩这些构成产品的重要因素的研究受到了重视并被赋予了更新的理解，设计将从一种以传统式的外观"包装"设计转向建立人与高技术之间关系的协调，进而成为一种设计的文化。

1.2　设计材料的发展

综观人类历史的发展，器物造型是随着造物需要而产生的，而造物需要又是与对材料的认识而同步发展的，从一定的角度上可以说人类的文明史就是材料的发展史，人类的设计史就是对材料的使用史。所以人们通常以不同特征的材料来划分人类不同历史时期，例如石器时代、陶器时代、青铜器时代、铁器时代、高分子材料时代等，为人类文明的历史树起了一座座里程碑。

（1）石器时代

人类使用材料的历史大致可以上溯到250万年前的石器时代，人类祖先为了生存、抵御猛兽袭击和猎取食物，逐渐学会使用天然的材料——木棒、石块等。在这个被叫作旧石器的时代，出现了一批人工打制的石器——石矢、石刀、石铲、石凿、石斧、石球等，这是利用一块较硬的石头砍砸另一块较软的石头打击而成，所以称砍砸器。尽管其形状既不规则，又不固定，加工十分粗糙，但其加工的形状却是人们所希望和需要的，这是人类制造的第一种原始材料。

大约1万年前，打制得更加精美的石器以及陶器、玉器的出现标志着新石器时代的开始。人类已经开始用石头和砖瓦作建筑材料。代表器物有：我国湖北屈家岭出土的距今约5000年的精细石铲、圭形石凿，还有钻了孔的石斧等，在钻孔中装上木柄，使用更方便。

（2）陶器时代

随着对火的利用，出现了将黏土捏成各种形状，放在火中可烧成各种土器和最原始的陶器。陶是人类第一种人工制成的合成材料。陶的出现，为保存、储藏粮食提供了可能，标志着人类从游猎生活进入农牧生活。代表器物有：江西万年县出土的距今1万多年的残陶碎片；西安骊山出土的距今两千多年的秦兵马俑。同时，为使陶器更精美出现了在陶器上挂釉的技术并意外地发现了玻璃。公元前 7000 多年埃及古代遗址中出土的青色玻璃球，标志着人类已学会玻璃的制造。

水泥是无机材料中使用量最大，对人类生活影响最显著的建筑材料和工程材料，在水的作用下，它可与砂、石等材料形成坚硬的石状体（混凝土），是人工的石头（"砼"）。早在 2000 多年前，希腊和古罗马人就将石灰和火山灰的混合物作建筑材料，这是最早应用的水泥。今日，它已发展成庞大的家族，是建房、修桥、筑路等领域的顶梁柱，有石材不可替代的优越性。

有些考古学家认为，在石器时代之前，应有一个木器时代，因为来到地面的猿人，首先能得到并能使用的显然是棍、棒之类木质工具，只可惜有机质难于保存下来，无法得到明证；而在新石器时代和青铜器时代之间，中国还存在一个玉器时代。

（3）青铜器时代

青铜文明的源头在古代中国、美索不达米亚平原和埃及等地。这是一个辉煌灿烂的时代。早在公元前 8000 年，人类已发现并利用天然铜块制作铜兵器和铜工具。到公元前 5000 年已逐渐学会用铜矿石炼铜。铜是人类获得的第二种人造材料。青铜——铜锡合金，这是最原始的合金，也是人类历史上发明的第一种合金。中国商代青铜器已经盛行，并将青铜器的冶炼和铸造技术推向了世界的顶峰。代表器物有：商代文丁时期的遗物——后母戊鼎，高 133cm、质量 832.84kg；湖北江陵望山出土的越王勾践用剑，四川广汉三星堆出土的世界上年代最久远、树枝最高最大、形象神奇多彩、高约 4m 的青铜神树，高 2.6m 的青铜立人、青铜人头像和青铜面具等，以及湖北随州市曾侯乙墓出土的共计 64 件、2500 多千克的古代乐器——铜编钟（图 1-9）。

(a) 象征青铜文明的后母戊鼎　　　　(b) 四川广汉三星堆出土的青铜人面像

图1-9　青铜器时代的代表器物

（4）铁器时代

从铁矿石中人工冶炼铁的技术早在公元前 1400 年就开始了，由青铜过渡到铁是生产工具用材的重大发展。代表器物有：在中国甘肃灵台出土的春秋早期铜柄铁剑。湖北大冶的战国时期古矿井内发现的铁斧、铁锤、铁砧、铁锄等工具。建于宋代嘉祐六年（1061年）的湖北当阳玉泉寺山门外的砖身铁塔，高 17.9m，由质量为 38300kg 的 44 块铸件组成，其拼装得天衣无缝、浑然一体，铸造技术之高超令人叫绝。

炼铁技术和制造技术的发展，开创了人类文明的新时代。以蒸汽机发明为起点，近 200 年来，人类经历了 4 次技术革命。

第一次技术革命发端于 18 世纪后期，以蒸汽机的发明及广泛应用为主要标志，实现了高炉、转炉、平炉制造优质钢材的工业化。由此引发的纺织工业、冶金工业、机械工业、造船工业等的工业大革命，是这次技术革命的产物，使人类从手工工艺时代跃进到机器工业时代，开创了工业社会的文明。

第二次技术革命开始于 19 世纪末，以电的发明和广泛应用为标志，由于远距离送电材料以及通信、照明用的各种材料的工业化，实现了电气化。其结果是石油开采、钢铁冶炼、化学工业、飞机工业、电气工业、电报电话等迅猛发展，组成了现代产业群，使人类跨进了一个新的时代，实现了向现代社会的转变，促进了国际关系的最终形成。

第三次技术革命始于 20 世纪中期，以原子能应用为主要标志。1942 年 12 月，意大利物理学家费米在美国建立了第一个核反应堆，实现了控制核裂变，使核能利用有了可能，实现了合成材料、半导体材料等大规模工业化、民用化，把工业文明推到顶点，开启了通向信息社会文明的大门。

第四次技术革命于 20 世纪 70 年代开始，它是以计算机，特别是微电子技术、生物工程技术和空间技术为主要标志，新型材料、新能源、生物工程、航天工业、海洋开发等新兴技术是主攻方向。世界上第一台电子计算机诞生于 1946 年，运算速度为每秒 5000 次，今天世界上最快的计算机每秒运算速度达到了 1 万亿次。新的技术革命一次比一次迅猛，对人类的影响也一次比一次深远，进入 20 世纪，人类科学技术发明和创造之和超过了以往 2000 年的总和。

（5）高分子材料时代

从 1909 年第一个人工合成的酚醛塑料算起，到 20 世纪 90 年代初虽不到百年，但塑料产量已逾 1 亿吨，按体积计，已超过钢铁产量。因此，人们称这段时期为高分子材料时代。在这之前，以钢铁为代表的金属材料直到 20 世纪 50 年代一直居主要地位。但随着无机非金属材料（尤其是特种陶瓷）、高分子材料及先进复合材料的出现和发展，高分子材料在今天发挥的作用已经越来越大。衡量一个国家综合实力的统计方法也由以往用钢产量替代为以塑钢比。以汽车为例，从 20 世纪 60 年代开始在轿车上使用塑料件，到 80 年代用量已接近 120kg。汽车上的原材料结构组成比发生了很大的变化。

（6）复合材料时代

随着时代的发展，单一材质的材料往往已无法满足高新技术发展的要求，复合材料应运而生。复合材料是由高分子材料、无机非金属材料或金属材料等几类不同的材料通过复合工艺组合而成的新型材料。经过设计可以使各组分的性能互相补充并彼此关联，从而获得新的优越性能。在欧美等国家，轿车上复合材料已超过 50kg，如法拉利等高级跑车的车身就是以复合材料制作的。在航空航天工业中，减轻自重可以使火箭、卫星、导弹等飞得更高、更远（图1-10、图1-11）。

图1-10　复合材料时代的骄子——飞机

7

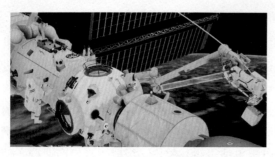

图1-11 使用诸多复合材料的中国天和核心舱

1.3 设计材料的分类

材料是人类用于制造物品、器件、构件、机器或其他产品的那些物质，是人类赖以生存和发展的物质基础。20世纪70年代人们把信息、材料和能源誉为当代文明的三大支柱。进入21世纪以后，新材料作为高新技术的基础和先导，应用范围极其广泛，它同信息技术、生物技术一起成为新世纪最重要和最具发展潜力的领域。

由于材料具有多样性的特点，其分类方法也没有统一标准。通常材料可以从结构组成、功能和应用领域等多种不同角度对其进行分类，不同的分类之间相互交叉和嵌套。

如从物理化学属性来分，可分为金属材料、无机非金属材料、有机高分子材料和不同类型材料所组成的复合材料。

从用途来分，又分为电子材料、航空航天材料、核材料、建筑材料、能源材料、生物材料等。

从使用属性上来分可分为结构材料与功能材料：结构材料是以力学性能为基础，以制造受力构件所用材料，当然，结构材料对物理或化学性能也有一定要求，如光泽、热导率、抗辐照、抗腐蚀、抗氧化等。功能材料则主要是利用物质的独特物理、化学性质或生物功能等而形成的一类材料。一种材料往往既是结构材料又是功能材料，如铁、铜、铝等。传统材料是指那些已经成熟且在工业中已批量生产并大量应用的材料，如钢铁、水泥、塑料等。这类材料由于其量大、产值高、涉及面广泛，又是很多支柱产业的基础，所以又称为基础材料。

1.3.1 岛村昭治历史分类法

1980年前后，日本机械技术研究所的岛村昭治提出了将材料的发展历史划分为五代：

第一代材料：石器时代的木片、石器、骨器等天然材料。

第二代材料：陶、青铜和铁等从矿物中提炼出来的材料。

第三代材料：高分子材料，原料主要来自石油、煤等矿物资源。

第四代材料：复合材料。第一到第三代材料都是各向同性的，而复合材料以各向异性为特征。

第五代材料：材料的特征随环境和时间而变化的复合材料。即它能检测到材料受环境变化引起的破坏作用，随即作出相应的对策。所谓材料的特性是指对应力集中、电、磁、热和光等作用的响应。这类材料又可分为两类，即对应于外界刺激引起的破坏，向补强的方向变化（补强型）和废弃后迅速分解还原为初始材料，向易于再生的方向变化（降解型）。这是一类智能型材料，开始于 20 世纪 40 年代，代表了未来材料开发的动向。

1.3.2 材料加工度分类法

设计用材料如按加工度来分可分为天然材料、加工材料与人造材料三种。

① 天然材料：是指不改变在自然界中所保持的自然特性或只施加低度加工的材料而言，这类材料以天然存在的有机材料为主，如竹、木、棉、毛、皮革以及天然存在的无机材料如矿石、化石、宝石、熔岩、火山灰、黏土、金属、大理石、水晶、煤、金刚石、硫黄、金砂矿等。

② 人造材料：是指人工制造的材料。主要有两大部分：一是以天然材料为蓝本所制造的人造材料，如人造皮革、人造大理石、人造象牙、人造水晶、人造钻石等；二是利用化学反应制成的在自然界不存在或几乎不存在的材料，如金属、合金，塑料与玻璃等。

③ 加工材料：是指介于天然材料和人造材料之间，经过不同程度人为加工的材料。加工度从低至高的材料有胶合板、细木工板、纸张、黏胶纤维与玻璃纸等。

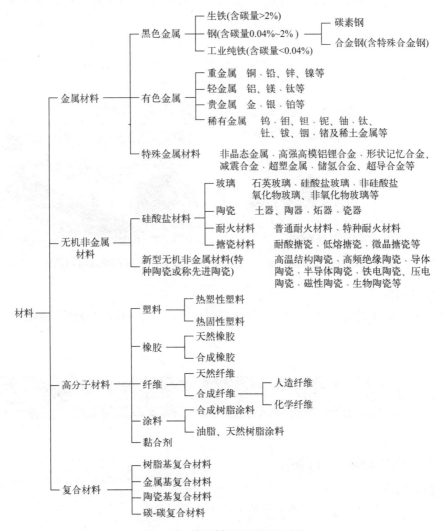

图1-12　按材料的物质结构分类

1.3.3 物质结构分类法

对材料的分类，通常是按材料的组成、结构特点进行分类：金属材料、无机非金属材料、无机材料、有机高分子材料（也称高分子材料）和复合材料（图1-12）。这种分类方法是依据于化学键的不同，如金属键，离子键、共价键在三种不同材料组成结构上的独特表现。有些材料，如半导体材料和磁性材料则介于金属材料与无机材料之间，至于有机材料则也逐渐从天然材料改用合成高分子材料。

1.3.4 材料形态分类法

为了加工使用方便，设计用材料往往事先制成一定的形状，按这些形状可分为颗粒材料、线状材料（包括线状与纤维状）、面状材料（包括膜、箔）以及块状材料。

（1）颗粒材料

主要指粉末与颗粒状等细小的块状物体。

（2）线状材料

设计中常用的有钢管、钢丝、铝管、金属棒、塑料管、塑料棒、木条、竹条、藤条等（图1-13）。

（3）面状材料

设计中所用的板材有金属板、木板、塑料板、合成板、金属网板、皮革、纺织布、玻璃板、纸板等（图1-14）。

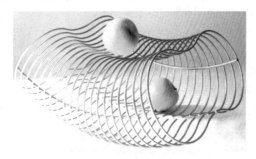

图1-13 利用线状材料设计的产品

图1-14 利用面状材料设计的产品

（4）块状材料

设计中常用的块材有木材、石材、泡沫塑料、混凝土、铸钢、铸铁、铸铝、油泥、石膏等。

1.4 设计材料的性能

1.4.1 设计材料的基本性能

（1）材料密度

密度是指材料在绝对密实状态下单位体积的质量，即：

$$\rho = \frac{m}{V}$$

式中，ρ——材料的密度（kg/m³）；m——干燥材料的质量（kg）；V——材料在绝对密实状态下的体积（m³）。

绝对密实状态下的体积是指材料无孔隙时的体积，除钢铁、玻璃等少数材料可接近绝对密实状态外，绝大多数材料内部都有一定的孔隙。材料在自然状态下（包含孔隙）单位体积的质量称为视密度或容重。

（2）力学性能

① 强度：指材料在外力（载荷）作用下抵抗明显的塑性变形或破坏作用的最大能力。材料抵抗外力破坏作用的最大能力称为极限强度。根据作用力的方式不同，材料的力学强度分为拉伸强度（即抗张强度或抗拉强度）、压缩强度、弯曲强度、冲击强度、疲劳强度等。强度是评定材料质量的重要力学性能指标，是设计中选用材料的主要依据。

材料抗压、抗拉强度的计算式为
$$R = \frac{P}{F}$$

式中，R——材料的极限强度（Pa），P——材料破坏时的最大载荷（N），F——材料受力截面积（cm²）。

② 弹性：在外力（载荷）作用下材料产生变形，当外力除去后材料能恢复原来形状的性能称为材料的弹性，这一变形称为弹性变形。材料所能承受的弹性变形量愈大，则材料的弹性愈好。

③ 塑性：在外力作用下材料产生变形，当外力取消后材料仍保持变形后的形状和尺寸，但不产生裂缝，这一变形称为永久变形，材料所能承受永久变形的能力称为材料的塑性。永久变形量大而又不出现破裂现象的材料，其塑性好。材料的塑性用断面抗缩率（ϕ）和延伸率（δ）表示，即

$$\phi = \frac{原断面积 - 拉断后断面积}{原断面积} \times 100\%$$

$$\delta = \frac{拉断后长度 - 拉伸前长度}{拉伸前的长度} \times 100\%$$

④ 脆性与韧性：材料的力学断裂是由于原子间或分子间的键断开而引起的，按断裂时的应变大小分为脆性断裂和韧性断裂。前者是指材料未断裂之前无塑性变形发生，或发生很小塑性变形导致破坏的现象。岩石、混凝土、玻璃、铸铁等在本质上都具有这种性质，这些材料相应称为脆性材料。韧性断裂是指材料在断裂前产生大的塑性变形的断裂，如软钢及其他软质金属、橡胶、塑料等均呈现韧性断裂。

韧性是指材料抵抗裂纹萌生与扩展的能力。韧性与脆性是两个意义上完全相反的概念。材料的韧性高，意味着其脆性低；反之亦然。度量韧性的指标有两类：冲击韧性和断裂韧性。冲击韧性是用材料受冲击而断裂的过程所吸收的冲击功的大小来表征材料的韧性。此指标可用于评价高分子材料的韧性，但对韧性很低的材料（如陶瓷）一般不适用。

⑤ 硬度：硬度是材料抵抗其他物体压入自己表面的能力，反映出材料局部塑性变形的能力。不同的材料其硬度测定的方法也不相同。对于矿物可用一定硬度的物体去刻画它的表面，根据刻痕和色泽的深浅来评定其硬度。通常是采用钢球或金刚石的尖端压入各种材料的表面，通过测定压痕深度来测定材料的硬度。用以测定金属材料、塑料及橡胶等硬度的常用方法有布氏（J.A.Brinell）硬度法、洛氏（S.P.Rockwell）硬度法和维氏（G.S.Vickers）

硬度法等。也可通过测定材料上下落重锤的回弹高度来评定材料的硬度，此为肖氏（Albert F.Shore）硬度法。有时也可用钻孔、撞击等方法来评定材料的硬度。

⑥ 疲劳特性：材料在受到拉伸、压缩、弯曲、扭曲或这些外力的组合反复作用时，应力的振幅超过某一限度即会导致材料的断裂，这一限度称为疲劳极限。疲劳寿命指在某一特定应力下，材料发生疲劳断裂前的循环数，它反映了材料抵抗产生裂缝的能力。

疲劳现象主要出现在具有较高塑性的材料中，例如金属材料的主要失效形式之一就是疲劳。疲劳断裂往往是没有任何先兆地突然断裂，因而由此造成的后果有时是灾难性的。在设计振动零件时，首先应考虑疲劳特性。

⑦ 耐磨性：材料对磨损的抵抗能力为材料的耐磨性，可用磨损量表示。在一定条件下的磨损量越小，则耐磨性越高。一般用在一定条件下试样表面的磨损厚度或体积（或质量）的减少来表示磨损量的大小。磨损包括氧化磨损、咬合磨损、热磨损、磨粒磨损、表面疲劳磨损等。一般降低材料的摩擦系数、提高材料的硬度均有助于增加材料的耐磨性。

（3）热学性能

① 熔点：纯金属由固态转变为液态时的温度称为材料的熔点。工业上一般对于熔点低于700℃的金属称为易熔金属。合金的熔融则有一定的温度范围。熔点的高低对于金属和合金的熔炼及热加工有直接影响，与机器零件及工具的工作性能关系也很大。高分子材料在热塑性时具有玻璃化转变（glass transition）温度 T_g，在此温度以上则成为高黏度液体或橡胶状材料。结晶性塑料熔点 T_m（如聚四氟乙烯树脂）高于温度 T_g，为327℃。热固性树脂无 T_g 或 T_m 在高温分解。陶瓷材料无明显的熔点，软化温度较高，化学性能稳定，耐热性优于金属材料。

② 比热容：将1g质量的材料温度升高1℃所需要的热量称为该材料的比热容，其单位为焦（耳）每千克开（尔文），即 J/（kg·K）。

一般无机建筑材料的比热容为 $0.18 \sim 0.22 \times 4.19 \times 10^3$ J/（kg·K），有机材料的约为 $0.4 \sim 0.6 \times 4.19 \times 10^3$ J/（kg·K），钢的比热容为 $0.115 \times 4.19 \times 10^3$ J/（kg·K），水的比热容最大，等于 $1.00 \times 4.19 \times 10^3$ J/（kg·K）。材料的比热容随其含水率增加而增大。

③ 热胀系数：材料由于其温度上升或下降会产生膨胀或收缩，此种变形如果是以材料上两点之间的单位距离在温度升高10℃时的变化来计算即称为线胀系数，如果是以物体的体积变化来计算则称为体胀系数。线膨胀系数以高分子材料的最大，金属材料次之，陶瓷材料的最小。

④ 热导率（导热系数）：材料中将热量从一侧表面传递到另一侧表面的性质称为导热性。具有单位厚度的材料，其相对的两个面上如果给予单位的温度差，则在单位时间内传导的热量称为热导率（或导热系数），其单位为瓦（特）每米开（尔文），即 W/（m·K）。

金属材料的导热系数较大，是热的良导体。高分子材料的导热系数小，是热的绝缘体。材料的导热性大小主要受其孔隙率和含水率的影响。材料的孔隙度愈高，则导热性愈低，材料的含水率增大，则导热性提高。

⑤ 耐热性：材料长期在热环境下抵抗热破坏的能力，通常用耐热温度来表示。晶态材料以熔点温度为指标（如金属材料、晶态塑料）；非晶态材料以转化温度为指标（如非晶态塑料、玻璃等）。

⑥ 耐燃性：材料对火焰和高温的抵抗性能。根据材料耐燃能力可分为不燃材料和易燃材料。

⑦ 耐火性：材料长期抵抗高热而不熔化的性能，或称耐熔性。耐火材料还应在高温下不变形、能承载。耐火材料按耐火度又分为耐火材料、难熔材料和易熔材料三种。

（4）电性能

① 导电性：材料传导电流的能力。通常用电导率来衡量导电性的好坏。电导率大的材料导电性能好。材料导电性的量度为电阻率或电导率。电阻 R 与导体的长度 l 成正比，与导体的截面积 S 成反比，即：

$$R = \rho\left(\frac{l}{S}\right)$$

式中，ρ——体积电阻率（$\Omega \cdot m$）。

② 电绝缘性：与导电性相反。通常用电阻率、介电常数、击穿强度来表示。电阻率是电导率的倒数，电阻率大，材料电绝缘性好；击穿强度越大，材料的电绝缘性越好；介电常数愈小，材料的电绝缘性愈好。

（5）磁性能

磁性能是指金属材料在磁场中被磁化而呈现磁性强弱的性能。按磁化程度分为：

铁磁性材料——在外加磁场中，能强烈被磁化到很大程度，如铁、钴、镍等。

顺磁性材料——在外加磁场中，只是被微弱磁化，如锰、铬、钼等。

抗磁性材料——能够抗拒或减弱外加磁场磁化作用的材料，如铜、金、银、铅、锌等。

（6）光性能

材料对光的反射、透射、折射的性质。如材料对光的透射率愈高，材料的透明度愈好；材料对光的反射率高，材料的表面反光强，为高光材料。

（7）材料的化学性能

材料的化学性能指材料在常温或高温时抵抗各种介质的化学或电化学侵蚀的能力，是衡量材料性能优劣的主要质量指标。它主要包括耐腐蚀性、抗氧化性和耐候性等。

耐腐蚀性：材料抵抗周围介质腐蚀破坏的能力。

抗氧化性：材料在常温或高温时抵抗氧化作用的能力。

耐候性：材料在各种气候条件下，保持其物理性能和化学性能不变的性质。如玻璃、陶瓷的耐候性好，塑料的耐候性差。

（8）材料的物性规律

对现有材料而言，材料之间的物性可以归纳为如下规律。

① 材料密度（由大到小）：钢铁＞陶瓷＞铝＞玻璃纤维增强复合材料＞塑料。

② 材料耐热性（由高到低）：陶瓷＞钢铁＞铝＞玻璃纤维增强复合材料＞塑料。

③ 材料拉伸强度（由大到小）：钢铁＞玻璃纤维增强复合材料＞铝≈陶瓷＞玻璃＞塑料。

④ 材料比拉伸强度（由高到低）：玻璃纤维增强复合材料＞铝＞钢铁＞塑料＞陶瓷。

⑤ 材料韧性（由强到弱）：钢铁≈铝≈玻璃纤维增强复合材料＞塑料＞陶瓷≈玻璃。

⑥ 材料导热性（由高到低）：铝＞钢铁＞陶瓷＞玻璃＞玻璃纤维增强复合材料＞塑料。

⑦ 材料线膨胀率（由大到小）：塑料＞铝≈玻璃纤维增强复合材料＞钢铁＞玻璃≈陶瓷。

⑧ 材料导电性（由大到小）：铝＞钢铁＞陶瓷＞玻璃纤维增强复合材料＞玻璃＞塑料。

1.4.2 设计材料的工艺特性

（1）加工成型性

任何一件设计的产品都具有一定的形状和结构特征，形状和结构特征是通过对材料的成型加工获得的。材料只有经过各种成型加工手段，才能形成最终产品（制品），体现其功能和价值，并展现出设计者的设计思想。因此，成型加工是材料走向具有使用价值产品的桥梁，材料若无法加工就不能成为真正意义上材料。而成型加工工艺技术的突破也推动了新材料、新产品、新技术的产生。

材料的加工工艺涉及三个方面，即材料、成型加工与制品。制品的性能既取决于材料的内在性能，也取决于成型加工过程中所赋予的附属性能。所谓附属性能，即是由于成型过程中所引起材料的物理结构与化学结构发生改变。材料对成型加工工艺条件具有一定的依赖性，同样品种的材料，同样的成型加工设备与方法，由于成型加工工艺条件的不同，生产出的制品性能不完全相同，有时甚至差别很大。因而，材料的内在性能与成型加工的工艺过程紧密联系在一起。

在表1-1中，根据材料分类的不同，形成了不同的成型方法：如无机非金属材料已形成陶瓷、玻璃、水泥三大成型体系；合成高分子材料已形成橡胶、塑料、纤维、复合材料等成型体系；金属材料也形成了液态成型与塑变成型的体系。

表1-1　材料主要成型方法

类别	品种	成型方法
金属材料	黑色与有色金属	浇铸（铸造）成型、锻造成型、冲压成型、轧制、挤压、拔制、超塑性成型、粉末冶金、焊接（连接成型）等
无机非金属材料	陶瓷	可塑成型（挤压成型、车坯成型、旋坯成型、液压成型）、注浆成型（空心注浆、实心注浆、压力注浆、离心注浆、真空注浆、热压注、流延法）及压制成型等
	玻璃	人工成型（人工吹制、自由成型、人工拉制等），机械成型（压制法、吹制法、拉制法、压延法、浇铸法、烧结法等）
	水泥	注浆
高分子材料	橡胶	压制、压延、压出、浸渍、浇注、涂层等
	塑料	注塑、压制、压延、挤出、中空成型、热成型、浇注、搪塑、浸渍、真空成型、泡沫塑料成型、烧结等
	纤维	熔体纺丝、干法纺丝、湿法纺丝等
	复合材料	手糊成型、模压成型、缠绕成型、挤出及注射成型等

材料成型加工是将各种状态的原料转变成具有固定形状制品的各种工艺过程，它通常包括两个过程，首先使原料变形或流动，并取得需要的形状，然后进行固化以保持所取得的形状成为制品。通常将熔融状态下的一次加工称成型，冷却固化后的二次加工称加工。加工通常指材料成型后的加工（后加工），主要由机械加工、修饰和装配三个环节组成。其中，机械加工主要方法有：车、铣、钻、锯、刨等；修饰主要方法有：锉、磨、抛光、涂饰、印刷、表面金属化等；装配主要方法有：焊接、粘接、机械连接等。

在设计实践中关注材料的加工成型是非常必要的，如钢铁的加工工艺，可采用铸造、锻压、焊接、切削加工（如车、钻、镗、磨、刨）等方法制造出各种设备与产品。木材则具有易锯、易刨、易打孔、易组合等加工成型特性及自然的表面纹理。塑料性能优良（如重量轻、绝缘性好、耐腐蚀、耐药品、绝热性等好性能），表面富有装饰效果和不同质感，可塑性特别强，几乎可以采用任何方法自由加工成型，塑造出几何形体非常复杂的产品。耐高温的塑料还可以用来制造汽车发动机，而普通塑料则用作塑料袋等。材料成型类别和成型方法如表1-2所示。

表1-2 材料成型类别和成型方法

成型类别	材料		成型方法
自由流动成型	金属材料		浇铸（铸造）成型
	无机非金属材料	陶瓷	注浆成型（空心注浆、实心注浆、离心注浆、真空注浆、流延法）
		玻璃	人工成型（自由成型）、机械成型（浇铸法）
	高分子材料	橡胶	浸渍、浇铸
		塑料	浇铸、搪塑、浸渍
		纤维	浸渍
受力流动成型	金属材料		特种铸造
	无机非金属材料	陶瓷	注浆成型（压力注浆、热压注）
		玻璃	人工成型（人工吹制、人工拉制）、机械成型（压制法、吹制法、拉制法、压延法）
		水泥	注浆
	高分子材料	橡胶	注射、注压
		塑料	注塑（注射）、挤出（挤压）、压延、压制、RIM
		纤维	熔体纺丝、干法纺丝、湿法纺丝
		复合材料	手糊成型、模压成型、挤出及注射成型等
受力塑性成型	金属材料		锻造成型、冲压成型、轧制、挤压、拔制、超塑性成型
	无机非金属材料	陶瓷	可塑成型（挤压成型、车坯成型、旋坯成型、滚压成型）、压制成型
	高分子材料	橡胶	压出、压延、压制
		塑料	真空成型
其他成型	金属材料		粉末冶金、焊接（连接成型）
	非金属材料	玻璃	烧结法
	高分子材料	塑料	泡沫塑料成型、烧结
		复合材料	缠绕成型

（2）环境形状保持性

任何设计的产品都是以一定的形状出现，并在该形状下体现出产品功能的使用性。因此，产品设计的材料应具有在所设计的使用环境条件下，保持既定形状、并可供实际使用的能力。

材料应能经得起自然环境因素的变化和周围介质的破坏作用，即不因外界因素的影响或袭击而发生物理、化学变化，以致引起材料内部构造改变而出现褪色、粉化、腐朽甚至破坏。充分了解材料本身所具有的这种性质，合理地使用和保护材料是设计中应注意的问题。环境形状保持主要有三大要素：材料、环境与设计。

首先，是选择耐腐蚀的材料，如铝合金、铁合金、不锈钢等。考虑材料的表面处理，最优先考虑的应是氧化膜。但氧化膜只能抗大气腐蚀，不能抵抗化学溶剂。材料表面涂覆可以保护金属不受化学侵蚀。涂料包括高分子涂料与陶瓷涂料。镀层也具有耐腐蚀性。要注意材料的表面光洁度。光洁表面可以减少积垢，降低腐蚀的隐患。

其次，关注环境因素对材料的腐蚀影响，缓蚀剂是改变环境的重要手段。缓蚀剂以适当的浓度和形式存在于环境（介质）中时，可以防止或减缓材料腐蚀的化学物质或复合物，因此缓蚀剂也可以称为腐蚀抑制剂。

最后，周到的设计能够避免许多情况下腐蚀的发生。例如户外使用材料和室内使用材料所处的环境完全不同，因此需要采用不同的材料设计。户外产品长期暴露在自然大气下，一年四季受到日晒，风沙、雨水、冰雪的侵蚀，还有微生物、紫外线的破坏作用。而且高原，沙漠、热带、亚热带、寒带等不同地区的气候变化都对材料的设计提出更高的要求。室内材料多少也受到温度、湿度的一定影响。有时在材料表面采用防护（如涂装、电镀等）措施可以防止基体腐蚀，提高耐候性。

（3）表面工艺性

任何设计都不能直接使用基材或毛坯，而应通过一系列的表面处理，改变材料表面状态，其目的除得到防腐蚀、防化学药品、防污染、提高产品的使用寿命外，还可提高材料的表面装饰效果，获得美观的外形，提高产品的经济价值。不同的材料有不同的表面工艺处理方法，从而赋予材料表面以多种外观特征。根据材料的性质和产品使用环境，正确选择表面处理和表面精饰工艺是提高产品外观质量的重要途径。

材料表面处理的方法很多，如涂料涂装（空气喷涂、浸涂、淋涂、无空气喷涂、粉末静电喷涂等），金属镀层（电镀、化学镀、熔融镀、真空镀、离子镀、喷镀等），金属着色（化学转化、化学沉积、电解沉积等），铝及铝合金的化学氧化、阳极氧化，以及热喷涂、打磨、抛光等。通过表面处理和装饰都能给产品以新的魅力。

1.4.3 设计材料的可持续性

（1）可持续概念的提出

自工业革命以来，科学技术的巨大进步为人类创造了前所未有的物质文明同时，也在以空前的规模和速度破坏着人类赖以生存的地球空间，造成了温室效应、资源枯竭、臭氧层的破坏、噪声污染、垃圾污染、水污染、植被锐减等一系列环境问题，给人类的生存及发展造成严重威胁。随着全人类物质文明的高速发展，人们也逐渐认识到以环境污染为代价而换取经济增长所带来的巨大危害，对环境的保护和修复成为社会持续发展的根本保证。可持续发展和生态产品的新设计概念的提出是以环境和环境资源保护为核心，以保护人类生态环境、维护人类身体健康为目的的设计理念及行为。

（2）4R 理念

绿色设计的 4R 理念属于一种设计方法。4R 是由英文的 Recovery（回收）、Recycle（再循环）、Reuse（再利用）和 Reduce（减量）四个词的第一个字母组合而来。这四个词的词意构成了现代环保设计（绿色设计）的内涵之一。

其意义在于设计必须充分考虑产品原材料的特性和产品各部分零件容易拆卸，使产品废弃时能将材料或未损坏的零部件进行回收、再循环或再利用。"减量"的含义是：在设计开发之初，尽量减少资源的使用量，将生产产品所需材料降到最低限度。在产品设计时要尽量做到简洁、明快、适度，细部设计要质朴而不乏精致，体现出高雅的设计品位。在包装设计上要避免过分奢华和超过产品自身价值。以合理满足产品的保护、运输及消费者审美需求为宜。把绿色设计的 4R 理念作为产品生产策略，将为企业创造一个"量少、质精和避免对环境造成污染"的绿色设计的文化。

图1-15列举了用绿色材料设计的案例，首先是全球著名变压器绝缘专业公司Weidmann，他们从1877年开始使用MAPLEX材料来制造绝缘材料。现在开始将这种材料推广到其他领域，MAPLEX是将木纤维压制而成，不用任何化学黏合剂，能够完全生物降解和回收利用，所以这种环保材料将在建筑、家具、生活用品等各个领域有很高的利用价值。

图1-15 运用绿色材料设计的案例

其次是丹麦的Peter Hiort-Lorenzen & Johannes Foersom设计，他们使用了一种叫Cellupress的树木纤维材料用来代替塑料。这种材料在使用中表现非常出色，能够应用的范围很广。

（3）材料设计的经济性

其一，钢铁、有色金属、玻璃、陶瓷、高分子材料等的原材料多数来自采掘工业的矿物资源，形成于亿万年之前，是不可再生的资源。因此，在材料生产中必须节省资源、节约能源、回收再生，这是经济性的首要原则。其二，产品的质优价廉是富有竞争性的重要因素，其中材料设计的经济性是关键指标，它包括材料原料和材料成型加工经济性问题，此外还有对环境造成的经济方面的影响。产品材料的设计必须关注在经济性上为社会和人们乐于接受（图1-16）。

图1-16 采用可回收材料设计的电子产品

（4）"师法自然"的理念

"天人合一"是中国古代的自然观，师法自然就是向自然学习，人类自文明开始就在努力向自然学习。学习藤壶的粘接、蜂窝的结构、蜗牛的筑壳、蜘蛛的吐丝。向蛤蜊学会了叠层材料的结构，向蜘蛛学会了用不同直径的纤维来织网。但人类最希望学会，而且尚未学会的是，如何以最少的原材料，消耗最少的能量，在最温和的条件下制造所需的制品，且制造过程对自然界不产生任何不利的影响。

（5）低碳设计

低碳（low carbon），意指较低（更低）的温室气体（二氧化碳为主）排放。随着世界工业经济的发展、人口的剧增、人类欲望的无限上升和生产生活方式的无节制，世界气候面临越来越严重的问题，二氧化碳排放量越来越大，地球臭氧层正遭受前所未有的危机，全球灾难性气候变化屡屡出现，已经严重危害到人类的生存环境和健康安全，即使人类曾经引以为豪的高速增长或膨胀的 GDP 也因为环境污染、气候变化而大打折扣（也因此，各国曾呼唤"绿色 GDP"的发展模式和统计方式）。

低碳设计在于它对自然环境的友好，运用低碳设计的原理、理念、方法、手段，来降低在生产、加工、储运、销售、消费以及回收等各个环节所产生的温室气体排放量。这就要求企业与设计师们抓住全球发展低碳经济的机遇，领会低碳的概念并把注意力集中在对产品的评估上。比如对一个产品的生产材料与用能效率，使用周期，再生与可再制造性，产品的地域化，还有消费者习惯等多方面多角度进行综合分析。

• 联想打印机"Just for green"理念：联想打印机将"Just for green"的设计理念，贯穿在整个产品生命周期设计中，使打印机从设计到回收的全部过程实现了"绿色设计、绿色生产、绿色应用、绿色回收"。在设计环节上，如双面打印设计、瞬时热熔定影技术，包括耗材的长寿命感光鼓设计等，都和实现自身的环保和绿色息息相关［图 1-17（a）］。

• 蓝色标志标准：bluesign® standard 是一个由学术界、工业界、环境保护及消费者组织代表共同制定的新世代生态环保规范，由蓝色标志科技机构于 2000 年在德国汉诺威（Hanover）公之于世。由这个机构所授权商标的纺织品牌及产品，代表着其制造过程与产品都符合生态环保、健康、安全（Environment、Health、Safety；EHS）是全球最新的环保规范标准与让消费者使用安全的保障［图 1-17（b）］。

(a) 联想低碳打印机   (b) 蓝色标志

图1-17 低碳设计的应用

符合蓝色标志标准制造的要求包括：水资源保护、废气及废弃物排放管制、职工安全、消费者安全、安全的制造和节省资源的方式、运用最有效益的生产技术、最终产品符合蓝色标准规范。

1.5 设计材料的感性

感性是指人对物所持有的感觉或意象，具有人对物的心理上的期待感受。人们在接触事物的过程中，会由感官得到种种信息，如声、光、温度、湿度、味觉、触觉、机体觉、平衡觉以及美感、优雅、寂寞、骄傲等抽象的心理感觉体验。甚至还可以有想象的成分，如假想的味觉和听觉（花的开放、草的呢喃）等。这些都是由人的感觉系统因生理刺激对事物作出的反应，或者由人的知觉系统从事物中得出的信息。

人的感觉包括视觉、听觉、味觉、触觉、嗅觉等等即是相对独立的感觉系统，同时在某一感觉系统受到刺激之后，除自身产生直接反应之外，还会引起其他感觉系统的共鸣现象，即所谓的共同感觉。共同感觉是人认识外界事物的基础，是全方位的综合意象和感性认知。

因此，设计材料的感性就是指材料作用于人的认知体验。包括人的感觉系统因生理刺激对设计材料作出的反应或由人的知觉系统从材料表面特征得出的信息，是人对设计材料的生理和心理活动，它建立在生理基础上，是人们通过感觉器官对材料作出的综合印象。

1.5.1 材料的质感

形态感、色彩感和材质感是构成产品形态设计的三大基本感觉要素。相对于形态感和色彩感来说材质感更具有除视觉以外的触觉感受，是产品设计表现的另一个向度。

材质感包括两个不同层次的概念：一是由物面的几何细部特征造成的形式要素——肌理；二是由物面的理化类别特征造成的内容要素——质地。

材质感同时具有两个基本属性：一是生理属性，即材料表面作用于人的触觉和视觉感觉系统的刺激性信息。如：坚硬与柔软、粗犷与细腻、温暖与寒冷、粗糙与光滑、干燥与湿润等；二是物理的属性，即材料表面传达给人知觉系统的意义信息。也就是物体材质的类别、价值、性质、机能、功能等。

材料感觉特性按人的感觉可分为触觉材质感和视觉材质感，按材料本身的构成特性可分为自然的材质感和人为的材质感。

（1）触觉材质感

触觉材质感是人们通过手和皮肤触及材料而感知材料表面特性，是人们感知和体验材料的主要感受。

① 触觉材质感的生理构成。触觉是一种复合的感觉，由运动感觉与皮肤感觉组成，是一种特殊的反应形式：运动感觉是指对身体运动和位置状态的感觉；皮肤感觉是指辨别物体机械特性、温度特性或化学特性的感觉，一般分为温觉、压觉、痛觉等。

触觉的游离神经末梢分布于全身皮肤和肌肉组织。人手是一种特殊的感觉器官（图1-18），当手沿着物体运动，跟物体接触时，肌肉紧张的运动感觉与皮肤感觉相结合，形成关于物体的一些属性，如弹性、软硬、光滑、粗糙等感觉；手臂运动与手指的分开程度，则能使人产生物体大小的感觉；而提起物体所需肌肉的屈伸力量，则能使人产生关于物体重量的感觉。

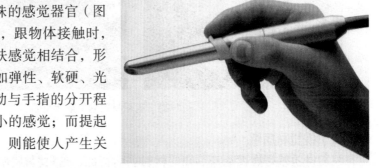

图1-18　手是一种特殊的感觉器官

触觉对事物的感觉是相当灵敏的，其灵敏度仅次于视觉。触觉对于人们认识事物和环境、确定对象的位置和形式、发展感觉和知觉，有着十分重要的作用。

② 触觉材质感的心理构成。从物体表面对皮肤的刺激性来分析，根据材料表面特性对触觉的刺激性，触觉质感分为快适触感和厌恶触感。人们一般易于接受接触蚕丝质的绸缎、精加工的金属表面、高级的皮革、光滑的塑料和精美陶瓷釉面等，因为可以得到细腻、柔软、光洁、湿润、凉爽的感受，使人产生舒适、愉快等良好的官能快感；而对接触粗糙的物体、未干的油漆、锈蚀的金属器件等会产生粗、黏、涩、乱、脏等不快心理，造成反感甚至厌恶不安。

③ 触觉材质感的物理构成。触觉材质感与材料表面组织构造的表现方式密切相关。材料表面微元的构成形式，是使人皮肤产生不同触觉质感的主因。同时，材料表面的硬度、密度、温度、黏度、湿度等物理属性也是触觉不同反应的变量。表面微元的几何构成形式千变万化，有镜面的、毛面的。非镜面的微元又有条状、点状、球状、孔状、曲线、直线、经纬线等不同的构成，产生相应的不同触觉质感（图1-19）。现代工业设计中，运用各种材料的触觉质感，不仅使产品接触部位体现了防滑易把握、使用舒适等实用功能，而且通过不同肌理、质地材料的组合，丰富了产品的造型语言，同时也给用户更多的新的感受（图1-20、图1-21）。

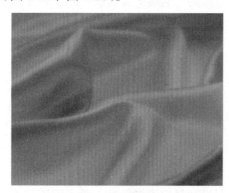

图1-19　柔滑的丝织品与锈蚀的金属给人不同的感官刺激和心理感受

图1-20　运用材料触觉质感的设计

（2）视觉材质感

视觉材质感是靠视觉来感知的材料表面特征，是材料被视觉感受后经大脑综合处理产生的一种对材料表面特征的感觉和印象。

① 视觉的生理构成。在人的感觉系统中，视觉是捕捉外界信息能力最强的器官，人们通过视觉器官对外界进行了解。当视觉器官受到刺激后会产生一系列的生理和心理的反应，产生不同的情感意识。

图1-21　不同触觉效果的材料表面

② 视觉材质感的物理构成。材料对视觉器官的刺激因其表面特性的不同而决定了视觉感受的差异。材料表面的光泽、色彩、肌理和透明度等都会产生不同的视觉质感，从而形成材料的精细感、粗犷感、均匀感、工整感、光洁感、透明感、素雅感、华丽感和自然感。

③ 视觉材质感的间接性。相对于人的触觉材质感，视觉材质感具有一定的间接性。因为材料的触觉感觉特性相对于人的视觉而言是较为直接的。大部分触觉感受可以经过人的经验积累已转化为视觉的间接感受。所以对于已经熟悉的材料，即可根据以往的触觉经验通过视觉印象判断该材料的材质，从而形成材料的视觉材质感。因此，视觉材质感相对于触觉材质感具有间接性、经验性、知觉性和遥测性（表1-3）。根据这一特点，可以用各种面饰工艺手段，以近乎乱真的视觉材质感达到触觉材质感的错觉。例如，在工程塑料上烫印铝箔呈现金属质感，在陶瓷上真空镀上一层金属，在纸上绘制木纹、布纹、石纹等，在视觉中造成假象的触觉材质感，这在产品设计中应用较为普遍。

表1-3　触觉材质感和视觉材质感的特征比较

类别	感知	生理性	性质	质感印象
触觉材质感	人的表面+物的表面	手、皮肤——触觉	直接、体验、直觉 真实、单纯、肯定	软硬、冷暖、粗细 钝刺、滑涩、干湿
视觉材质感	人的内部+物的表面	眼——视觉	间接、经验、知觉、 遥测、综合、估量	脏洁、雅俗、枯润、 疏密、贵贱

④ 视觉材质感的距离效应。材料的视觉质感与观察距离有着密切关系。一些适于近看的材质，在远处观看时则会变得模糊不清；而一些适于远看的材质，如移到近距离观看，则会产生质地粗糙的感觉。因此精心选用适合空间观赏距离的材质，考虑其组合效果是十分重要的（图1-22）。

图1-22　距离可以影响视觉的印象

（3）自然材质感

材料的自然材质感是材料本身固有的质感，是材料的成分、物理化学特性和表面肌理等物面组织所显示的特征。比如：一块木头、一粒珍珠、一张兽皮、一块岩石都体现了它们自身特性所决定的材质感。自然质感突出材料的自然特性，强调材料自身的美感，关注材料的天然性、真实性和价值性（图1-23）。

图1-23　天然材质的肌理

（4）人为材质感

材料的人为质感是人有目的地对于材料表面进行技术性和艺术性加工处理，使其具有材料自身非固有的表面特征。人为质感突出人为的工艺特性，强调工艺美和技术创造性。

随着表面处理技术的发展，人为材质感在现代设计中被广泛地运用，产生同材异质感和异材同质感，从而获得了丰富多彩的各种质感效果（图1-24）。

图1-24　材料的人为材质感

1.5.2 材料的感性评价

产品的形态感、色彩感和材质感都是以作用于人的感性为依据的，在考虑设计材料的选择和运用上，人的感性的使用和使用对于人的感性都是非常重要的。因此，可以运用感性评价的方法对设计材料进行评价。

（1）对设计材料感性的描述

对材料感性的描述可以采用语意区分法。语意区分法主要用于非定量评价，其研究正日臻成熟。在应用语意区分法时，首先要确定评价问题的评价项目（评价目标）；其次要选择评价尺度、常用名义尺度（标称尺度）、顺序尺度、等距尺度和比例尺度等；最后拟出对比形容词进行评判。一般可将对比的语汇按程度分成等级，并赋予不同的值，按评价项目算出各方案的总分，即可评出方案的优劣。用来描述材料感觉特性的形容词相当多，表1-4为从文献提到的有关感性用语中整理出的20组适合表示设计材料感性的形容词。

表1-4　有关设计材料感性的形容词

1.自然——人造	6.时髦——保守	11.浪漫——拘谨	16.轻巧——笨重
2.高雅——低俗	7.干净——肮脏	12.协调——冲突	17.精致——粗略
3.明亮——阴暗	8.整齐——杂乱	13.亲切——冷漠	18.活泼——呆板
4.柔软——坚硬	9.鲜艳——平淡	14.自由——束缚	19.科技——手工
5.光滑——粗糙	10.感性——理性	15.古典——现代	20.温暖——凉爽

若在语意上以软——硬、冷（酷）——（温）暖作为两对对比形容词，则可将有关的符号语言概括为四类，强调冷——软的语言可概括为细致，冷——硬可概括为信赖，软——暖可概括为亲切，暖——硬可概括为力动（图1-25）。于是，可按市场需求来设计不同特性的产品。

（2）材料感觉特性的测定

产品中可能使用的材料种类繁多，为了找出不同材料感觉特性的区别，选择了7种材料作为评价对象，分别是玻璃、陶瓷、木材、金属、塑料、橡胶、皮革。针对每组感觉特性制作了感觉量尺，在量尺上标注这7种材料的感觉特性，如表1-5所示。在"温暖——凉爽"尺度上，皮革与木材是较温暖的，而金属则是最凉爽的；在"光滑——粗糙"尺度上，玻璃、金属与陶瓷都属于较光滑的，而木材则是最粗糙的；在"时髦——保守"尺度上，玻璃、陶瓷与金属是较时髦的，木材则被认为是较保守的；在"感性——理性"尺度上，皮革、木材与陶瓷则被认为是较感性的，而金属则是较为理性的。

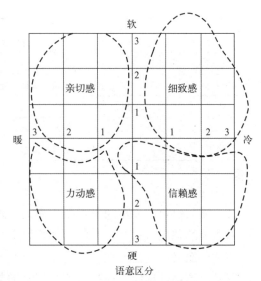

图1-25　以形容词做语意区分的研究

表1-5　材料感觉特性差异的测定

序号	感觉特性	材料感觉特性的差异	序号	感觉特性	材料感觉特性的差异
1	自然——人造	木陶皮塑玻橡金	11	浪漫——拘谨	皮陶玻木塑橡金
2	高雅——低俗	陶玻木金皮塑橡	12	协调——冲突	木玻陶皮木金橡
3	明亮——阴暗	玻陶金塑木皮橡	13	亲切——冷漠	木皮玻陶塑橡金
4	柔软——坚硬	皮木橡塑陶玻金	14	自由——束缚	木玻陶皮塑金橡
5	光滑——粗糙	玻金陶塑橡皮木	15	古典——现代	木皮陶橡塑玻金
6	时髦——保守	玻陶金塑橡皮木	16	轻巧——笨重	玻木塑皮陶橡金
7	干净——肮脏	玻陶金塑木皮橡	17	精致——粗略	玻陶金塑木皮橡
8	整齐——杂乱	玻金陶塑木皮橡	18	活泼——呆板	玻陶皮木塑金橡
9	鲜艳——平淡	陶玻金皮橡塑木	19	科技——手工	金玻陶塑橡皮木
10	感性——理性	皮木陶玻塑橡金	20	温暖——凉爽	皮木橡塑玻陶金

（3）影响材料感觉特性的相关因素

材料的感觉特性是材料给人的感觉和印象，是人对材料刺激的主观感受。材料感觉特性是整体的，其构成的因素众多，通常表现如下。

① 材料种类。材料的感觉特性与材料本身的组成和结构密切相关，不同的材料呈现着不同的感觉特性。各种材料代表的感觉特性如表1-6所示。

表1-6　各种材料的感觉特性

材料	感觉特性
木材	自然、协调、亲切、古典、手工、温暖、粗糙、感性
金属	人造、坚硬、光滑、理性、拘谨、现代、科技、冷漠、凉爽、笨重
玻璃	高雅、明亮、光滑、时髦、干净、整齐、协调、自由、精致、活泼
塑料	人造、轻巧、细腻、艳丽、优雅、理性
皮革	柔软、感性、浪漫、手工、温暖
陶瓷	高雅、明亮、时髦、整齐、精致、凉爽
橡胶	人造、低俗、阴暗、束缚、笨重、呆板

② 材料成型加工工艺和表面处理工艺。材料的感觉特性除与材料本身固有的属性有关外，还与材料的成型加工工艺、表面处理工艺有关，常表现为同质异感和异质同感，如同一质地的花岗石材，不经任何加工处理的毛面花岗石，给人以朴实、自然、亲切、温暖的感觉，而表面经精磨加工的光亮花岗石，给人以华丽、活泼、凉爽的感觉。又如塑料制品表面经镀铬处理后，外观质感与不锈钢制品质感相同，给人以精致、光滑、炫目、豪华等感觉。

不同的加工方法和工艺技巧会产生不同的外观效果，从而获得不同的感觉特性。

a.锻造工艺：锻造工艺充分利用了金属的延展性能，化百炼钢为绕指柔。特别是在锻打过程中产生的非常丰富的肌理效果，可圆、可方、可长、可短、可规则、可随意、可粗犷、可精细，忠实地保留下制作过程中情绪化的痕迹，具有强烈的个性化特征和浓厚的手工美。

b. 铸造工艺：铸造工艺良好的复写功能可精确地复制出纤细的叶脉、粗糙的岩石，甚至流动的液体，丰富了金属的表现范围。

c. 焊接工艺：焊接工艺是现代科技的产物，各种复杂的造型，均可通过焊接来完成。焊接不仅是实现造型、表达观念、倾泻情感的表述技艺，同时也是一种艺术的表现力。焊接后的锉平、抛光是一种工艺美，有意识保留焊接的痕迹，能产生奇特的肌理美，丰富产品的艺术美感。

d. 铆接工艺：铆接工艺具有一种强烈的工业感和现代感。铆接的铆钉头有节奏地整齐排列，形成一种肌理变化。

e. 编织工艺：编织工艺是一种由纤维艺术发展而来的工艺，是将丝状材料按一定的方法编织在一起，可产生极富韵律和秩序感的肌理效果。

f. 车削工艺：车削后的材料表面有车刀的连续纹理，有旋转感。

g. 磨削工艺：磨削后的材料表面精细光滑，富有光泽感。

h. 电镀工艺：电镀的材料表面不仅能改变材料的表面性能，而且表面具有镜面般的光泽效果。

i. 喷砂工艺：喷砂工艺能使材料获得不同程度的粗糙表面、花纹与图案，通过光滑与粗糙、明与暗的对比给人以含蓄、柔和的美感。

1.5.3 材料的美感

美感是人们通过感官接触事物时所产生的一种愉悦的心理状态，是人对美的认识、欣赏和评价。美感是评价设计的一项重要的指标，产品美感的实现来自对美感的设计，具体则通过对产品的视觉形象（材料、色彩与形式）的感受和功能使用的体验得以实现。

设计材料的美感一方面来自材料自身固有物质特征形式，如木材的温馨自然、金属的高贵凝重、塑料的柔顺平和、玻璃的透澈光滑。另一方面还来自对材料的合理的选择利用、巧妙的搭配组合以及精心的工艺加工，从而达到设计形式与物质材料的性能一致，实用功能与审美功能的价值统一。

材料的美感最能体现出材料的时代性、科技性和时尚性。当一种新颖的材料、独特的面饰工艺、独到形式在设计材料中应用，往往比一种纯粹的新造型带来更有意义的突破。在市场高度发展的时期，产品造型风格的相对稳定的时期在缩短，为提高产品的市场竞争性，通过材料的选择和面饰工艺的处理可以为企业产品的市场占有起到相当重要的作用。事实上，材料的美感设计就是对产品材料的技术性与艺术性的先期规划，是一个合乎设计规范的认材→选材→配材→理材→用材的有机程序，是企业产品设计战略的重要部分。

产品材料的美感主要体现在色彩、光泽、肌理、质地等方面。

（1）材料的色彩美

色彩是最富感性的设计元素，但色彩必须依附于材料这个载体，否则色彩将无法体现其灿烂炫目的魅力。同时色彩又有衬托材质感的作用。

材料的色彩可分为材料的固有色彩（材料的自然色彩）和材料的人为色彩。

① 材料的固有色彩或材料的自然色彩是产品设计中的重要因素，设计中必须充分发挥材料固有色彩的美感属性，而不能削弱和影响材料色彩美感功能的发挥，应运用对比、点缀等手法去加强材料固有色彩的美感功能，丰富其表现力（图1-26）。

图1-26 将材料的自然色彩发挥到极致的设计

② 材料的人为色彩是根据产品装饰需要，对材料进行着色处理，以调节材料本色，强化和烘托材料的色彩美感。在着色中，色彩的明度、纯度、色相可随需要任意推定，但材料的自然肌理美感不能受影响，只能加强，否则就失去了材料的肌理美感作用，是得不偿失的做法。

孤立的材料色彩是不能产生强烈的美感作用的，只有按照色彩设计的规律将材料色彩进行组合和协调，才会产生明度对比、色相对比和面积效应以及冷暖效应等现象，突出和丰富材料的色彩表现力（图1-27）。

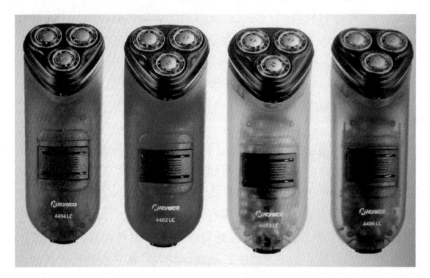

图1-27 将产品的色彩与材质有机结合的设计

③ 相似色材料的组合：指明暗度差异不大、色相基本上属同类的微差、无较大冷暖反差的材料的组合。这种组合配置易于统一色调，一般先选定一种面积大的材料做基调，再选用色彩相近或同类色中明暗度上有一定差异的材料来组合。相似色的材料的组合，给产品带来和谐、统一、亲切、纯净、柔和的效果（图1-28）。

④ 对比色材料的组合：材料的色彩的对比，主要是色相上的差异、明度上的对比、冷暖色调上的对比。这种组合能给产品带来强烈、活泼、充满生机的感觉，突出产品的视觉刺激程度。这种组合方式一般选定一个面积大的材料作为主调，再选用其他在明度、色相、冷暖程度上与主调成反差对比的材料色彩（图1-29）。

（2）材料的肌理美

肌理是在视觉或触觉上可感受到的一种表面材质效果。由天然材料自身的组织结构或人工材料的人为组织设计而形成的，在产品设计中通过运用材料肌理的特点可以使产品的外观达到变化丰富、层次分明的视觉美感，同时还可以起到功能暗示的语义作用。此外通过对产品触觉肌理的体验可以加强使用的舒适感。

图1-28 相似的色彩显得柔和而纯净

图1-29 对比色彩具有强烈的视觉冲击

通过对产品材料表面肌理的设计和运用，能够引起人对其产生不同的心理反应，从而产生各种审美风格和个性。即使是同一类型的材料，不同的处理也会有明显的肌理变化。或具有肌理粗犷、坚实、厚重的刚劲感，或具有肌理细腻、轻盈、柔和的通透感。这些丰富的肌理变化对产品造型美的塑造具有很大的潜力。

① 自然肌理是材料自身所固有的肌理特征，它包括天然材料的自然形态肌理（如天然木材、石材等）和人工材料的肌理（如钢铁、塑料、织物等）（图 1-30）。

图1-30 丹麦制造的曲木椅体现着自然肌理美感

图1-31 采用两种材料作肌理组合配置设计

② 再造肌理是对材料表面采用加工工艺所形成的人为肌理特征，是材料自身非固有的肌理形式，通常是运用各种工艺手段改变材料原有的表面材质特征，形成一种新的材质表面特征，以满足产品设计的需要。

③ 材料肌理的组合。材料肌理的组合形态，是获得产品整体协调的重要途径。材料肌理形态的组合方式主要有以下几种。

a. 同一肌理的材料组合：在产品设计中同一肌理材料的运用主要是依靠产品自身造型面的变化所产生的凹凸变化和方向变化，使得产品外观协调、体现一种整体美感。

b. 相似肌理的材料组合：相似的肌理统一中有变化，使得产品外观更具有层次丰富的美感。

c. 对比肌理的材料组合：采用两种以上材料肌理组合配置时，通过鲜明肌理与隐蔽肌理、凹凸肌理与平面肌理、粗肌理与细肌理、横肌理与竖肌理等的对比运用，产生相互烘托、交相辉映的肌理美感（图 1-31）。

肌理虽只是存在于产品的表面，但对肌理的不同设计可以使同一形态产品的外观产生截然不同的视觉效果，从而使人得到美的享受，体验到设计的魅力。

（3）材料的光泽美

视觉感受是人认知材料的主要方式，光泽美是人通过感觉折射于材料表面的光线而产生的美感而得到的。不同的材料表面可以对光的折射角度、强弱、颜色产生影响而营造不同的视觉效果，从而使人通过视觉感受而获得在心理、生理方面的反应，引起某种情感，产生某种联想从而形成审美体验。通过对不同材料表面的不同加工与处理可以产生丰富多彩的光泽美感。

根据材料受光特征可分为透光材料和反光材料。

① 透光材料。透光材料受光后能被光线直接透射，呈透明或半透明状。这类材料常以反映身后的景物来削弱自身的特性，给人以轻盈、明快、开阔的感觉（图 1-32）。

透光材料的动人之处在于它的晶莹，以及它的可见的天然质地性与阻隔性的心理不平衡状态，当一定数量的透光材料叠加时，其透光性减弱，但形成一种朦胧的别样美感。

② 反光材料。反光材料受光后按反光特征不同分为定向反光材料和漫反光材料。

图1-32　晶莹剔透的现代炊具

a. 定向反光是指光线在反射时带有某种明显的规律性。定向反光材料一般表面光滑、不透明，受光后明暗对比强烈，高光反光明显，如抛光大理石面、金属抛光面、塑料光洁面、釉面砖等。这类材料因反射周围景物，自身的材料特性一般较难全面反映，给人以生动、活泼的感觉（图 1-33）。

b. 漫反光是指光线在反射时反射光呈三百六十度方向扩散。漫反光材料通常不透明，表面粗糙，且表面颗粒组织无规律，受光后明暗转折层次丰富，高光反光微弱，为无光或亚光。如毛石面、木质面、混凝土面、橡胶和一般塑料面等。这类材料则以反映自身材料特性为主，给人以质朴、随和、含蓄、安静、平稳的感觉（图 1-34）。

（4）材料的质地美

材料的美感除在色彩、肌理、光泽上体现出来外，材料的质地也是材料美感体现的一个方面，并且是一个重要的方面。材料的质地美是材料本身的固有特征所引起的一种赏心悦目的心理综合感受，易有较强的感情色彩（图 1-35）。

图1-33 金属经切旋工艺产生的光泽美感

图1-34 金属经刷丝工艺产生的光泽美感

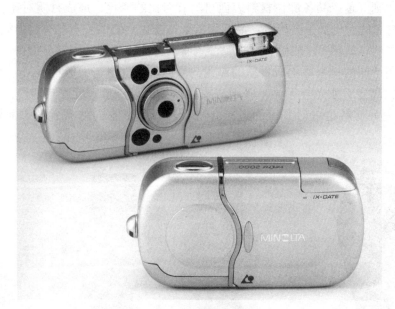

图1-35 以材料的质地体现产品的品位与美感

① 材料的质地。材料的质地是材料内在的本质特征，主要由材料自身的组成、结构、物理化学特性来体现，主要表现为材料的软硬、轻重、冷暖、干湿、粗细等。如表面特征（光泽、色彩、肌理）相同的无机玻璃和有机玻璃，虽具有相近的视觉质感，但其质地完全不同，分属于两类材料——无机材料和有机材料，具有不同的物理化学性能，所表现的触觉质感也不相同。

质地是与任何材料有关的造型要素，它更具有材料自身的固有品格，一般分为天然质地与人工质地。

② 不同质地材料的配置。

a. 相似质地的材料配置指两种或两种以上相似质地材料的组合配置。

b. 对比质地的材料配置指两种或两种以上材料质地截然不同的组合配置。在对比中相互显示其材质的表现力，展现其美感属性。

（5）材料美感的形式法则

材料美感的形式法则，实质上就是按照形式美的基本规律对各种材料质感、色彩进行有规律的组合的基本法则。

主要的材料美感的形式法则如下。

① 配比律。在产品设计的材料选择上，将各部分的材料按形式美的法则进行配比，同时注意材料的整体与局部、局部与局部之间的配比关系。才能获得美好的视觉印象，配比律的实质就是和谐，即多样统一，这是形式美法则的高级形式。配比律包含调和法则和对比法则。

a. 调和法则：是使整体各部位的物面质感统一和谐。其特点是在差异中趋向于"同一"和"一致"，使人感到融和、协调。各种自然质材与各种人为表面工艺有相亲性，也有相排性。在同一材质的整体设计中对各部位作相近的表面材料处理，以达到统一的美感（图1-36）。

b. 对比法则：是产品各部位材料表面材料有对比的变化，形成材质对比、工艺对比、色彩对比。材料的对比虽不会改变产品造型的形体变化，但由于它具有较强的感染力，而使人产生丰富的心理感受。质感的对比，使人感到鲜明、生动、醒目、振奋、活跃。同一形体中，使用不同的材料可构成材质的对比，如：人造材料与天然材料，金属与非金属，粗糙与光滑，高光、亚光与无光，坚硬与柔软，华丽与朴素，沉着与轻盈，规则与杂乱等。使用同一种材料也可对其表面进行各种处理，形成不同的质感效果而形成弱对比（图1-37）。

拓展案例

航天员"居家鞋"

图1-36　统一即是美　　图1-37　对比能形成强烈的视觉美感

② 主从律。强调在产品的材料设计中的主从关系。所谓主从关系是指事物的外在因素在排列组合时要突出中心，主从分明。如在产品设计中对材料的选择要有主辅。

产品造型的重点，由功能和结构等内容决定，对功能特征的关键部位，即主体部位，使用材料要重点处理，这样可以形成视觉中心和高潮，达到视觉的安定美感。

没有主从的材料设计，会使产品的造型显得呆板、单调。在产品的整体设计中，对可见部位、常触部位、主要部位，如面板、商标、操纵件等，应作良好的视觉质感与触觉质感的设计，加工工艺要精良、要质感好、选材好、手感好。而对不可见部位、少触部位、次要部位就应从略从简处理。用材料的对比来突出重点，常采用非金属衬托金属，用轻盈的材质衬托沉重的材质，用粗糙的材质衬托光洁的材质。

③ 适合律。各种质材有明显的个性，在设计中应充分考虑到材料的功能和价值，材料应与适用性相符。针对不同的产品、不同的使用者、不同的消费对象以及不同的使用环境，在材料选择上要充分利用适合律法则，将具体的产品、具体的材料与具体消费对象的审美感觉有机地结合在一起，使材料的美感得到淋漓尽致的体现（图1-38）。

图1-38　适合水下环境的摄像机

1.6　设计材料的选择

产品功能的实现是通过材料来体现的。材料与结构是满足产品的必要条件。通常在材料和结构之间存在着比较确定的关系，而同时在结构与功能之间又是一种不确定的关系，从而材料与功能之间也具有不确定关系。也就是说，为了实现同一功能，我们可以使用多种材料，而每一种材料都可以形成合理结构来完成所要达到的功能，进而产生相应的造型形式。例如：木制椅子和钢管结构椅子，虽然它们的材料、结构和造型都不同，但它们却实现着相同的功能。这种"功能""造型"和"材料"之间的不确定关系，形成了丰富多彩的人造世界。然而，由于产品的形成必须通过各种加工手段来制造，所以制造技术同样制约着产品的功能与形态。不同的材料有着不同的特性和结构，以及各自不同的加工方法，从而也显现出不同的造型特征。这既是对设计的一个考验，同时也是设计的魅力所在。

面对一个庞大的材料世界，要选择所需要的设计材料的确是一件复杂工作。如金属材料就有几十万种，高分子材料也有上万种，另外还有五花八门的陶瓷材料和复合材料。与设计的其他方面相比，材料的选择是最基本的，它提供了设计的起点。产品设计的过程从某个角度来说是对材料的理解与认识的过程，是"造物"与"创新"的过程。当设计师在设计某件产品时，他必须首先考虑应选用何种材料。材料选择对产品内在和外观质量影响极大。

对于给定的某一产品或其部件，考虑选择材料时，最重要的是这一零部件的作用及材料的性能。但设计师把材料功能性因素、市场性因素和环境性因素放在相同位置，因为如果某种材料在计划规定的时间内不能得到，那么规定采用这种材料是没有意义的。同样，如果材料的价格比计划的贵，那么也不能考虑使用这种材料。

通常在材料选择上要注意以下几个方面。

（1）功能性因素

① 安全性能。材料的选择应当按照有关的标准正确选用，并充分考虑各种可能预见

的危险。例如，医院的某些电疗设备中与病人接触的部位，其表面应该选择具有抗静电性质的材料；在设备暴露的位置（如过道边）配置普通的平板玻璃，就易于碰撞碎裂而造成人身伤害事故；在设备内部如果选用易返潮的塑料轴承，就会因隐匿着腐蚀的危险性造成质量恶化而导致重要的控制器失灵。

② 外观需求。产品的外观在很大程度上受其可见表面的影响，并采取材料所能允许制造成的结构形式。因此，外观也是材料选择必须考虑的一个重要因素。就产品的表面效果来看，材料影响着表面的自然光泽、反射率与纹理，所能采用的表面涂饰材料与方式，涂饰的外观效果和在使用期限内的恶化程度和恶化速度。至于形成外观所需采取的制造工艺和手段，如浇铸、模铸、冲压、弯折或切削，也在很大程度上依赖于所采用的材料，并影响到造型在经济上是否切实可行。

③ 工艺性能。材料所要求的工艺性能与零部件制造的加工工艺路线有密切关系。一般金属材料的加工工艺路线，远比工程塑料和工业陶瓷复杂，而且变化多，这不仅影响零部件的成型，还大大影响零部件的最终性能。任何零件都是由不同的材料通过一定的加工工艺制造出来的，因此，作为产品设计人员掌握工业造型材料的制造性能是很重要的。

工艺性能包括：机械性能、物理性能、化学性能、尺寸性能。

（2）市场性因素

设计者必须对目标消费群的要求进行估价。对于材料，要考虑到消费者的态度往往会受到他们日常接触的各类产品的影响。消费者有时所期望的材料也许恰恰是设计者并不准备采用的。而且消费者对某些产品所选用的材料有时还受到传统习惯的束缚。这时，一种"新材料"的选用，在一定时期内未必会被消费者接受。

① 可达性。在最初考虑使用某种材料时，设计师应首先了解手边有没有这种材料。如果没有，那就看能否在规定期限内得到。如果在规定的时间内不能获得所需的材料，就必须考虑用另一种材料代替。因此可达性是工业产品设计选材的重要因素。在工业设计中，结构与外观造型密切相关，不同的结构方式对产品造型的布局和细部处理都有直接的影响。而结构是受材料制约的，采用不同的材料，所能获得的结构方式以及由此而产生的产品形体各不相同，质感各异。

② 经济性。选择材料的经济性始终是工业造型设计中十分重要的内容。在满足使用要求、艺术造型、工艺和可达性的同时，尽可能选用价廉的材料，最好选用国产材料，使总成本降至最低，取得最大的经济效益，使产品在市场上具有最强的竞争力。

经济性包括：材料价格、使用寿命、制造性能、零部件的总成本等因素。

（3）环境性因素

① 选用同类材料。设计产品时尽量采用同类材料，避免多种不同材料，以便产品回收和再利用。例如，汽车的车门的门体使用聚丙烯，门中的齿轮、滑轮等结构也使用聚丙烯，里侧的衬垫使用高发泡聚丙烯，门内的蒙面采用丙纶织物。这一材料组合在回收时就不用拆卸分类，可以直接进行再加工。

② 减少表面装饰。用表面不加任何涂、镀的原材料直接制成产品，这也是出于便于回炉处理和再利用的目的。

③ 采用可降解材料。可降解材料是指废弃后能自然分解并为自然界吸收的材料。在

塑料成型加工和使用过程中产生的塑料废弃物，尤其是塑料包装材料更是令人头疼的环境污染源。

④ 废弃物的再利用。充分选用废弃物的再生材料，以利于资源的再循环利用。对废弃物的再利用，不仅能有效减少可能污染环境的垃圾堆放，也大大节约了原材料。因此，开发能采用再生材料甚至直接利用废弃物制作的产品将是十分有意义的工作，理应成为现代工业设计的一个重要课题。

思考题

1. 收集不同材料设计成的同一类产品的各种案例，分析比较材料对产品的功能、形态的影响。

2. 收集"师法自然"的设计案例，从结构、色彩、形态、材料等方面进行归纳总结，课堂讨论，并从中汲取灵感，进行一项设计实践。

3. 选择一件产品，研究其使用的材料，从功能性、市场性、环境性等方面分析选材的原因，并对该产品未来的选材做出方案。

第 2 章

金属材料

金属是应用非常广泛的重要材料，金属材料包括纯金属和以金属为基所构成的合金，金属材料种类繁多，通常分为黑色金属和有色金属两大类。金属材料的特点具有其他材料无法取代的强度、塑性、韧性、导热性、导电性以及良好的可加工性，从而保证了产品的使用功能，也呈现了独特的造型、结构和材质之美。

2.1　金属材料概述

金属一般指具备特有光泽（即对可见光强烈反射）而不透明、具有延展性及导热导电性的一类物质。纯金属由相同类型的原子组成。金属合金由两个或两个以上的化学元素组成，其中至少有一个是金属元素。元素混合后，可以使合金的机械性能更高。金属一般分为黑色金属和有色金属（图2-1）。在工程应用中所用的金属大多数是合金，每种金属合金具有特定的机械和物理性能，这将使其适合于特定的应用。

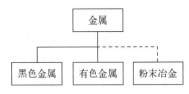

图2-1　金属的组成

在人类文明的历史上，最早被利用的是天然金属，如铜、金、铁等，但天然金属十分稀少，只有在人们掌握了冶炼技术以后，金属才对社会生产产生重要影响。金属冶炼需要高温和还原气氛两个必要条件，由于铜的熔点较低，因而成为最早被人类发现和利用的金属，炼铜是从烧陶的基础上产生的，纯铜质地松软，还不能取代石器工具，人们经过实践积累，掌握了各种矿石合理配比和冶炼技术，从而能够冶炼出强度高、硬度大、铸造性能好的铜锡合金，开创了伟大的青铜器时代，成为人类文明史上的里程碑。青铜器的应用大大促进了社会生产力的发展，提高了物质文明，推动了社会的进步。在青铜器时代，除铜、锡外，还掌握了铅、金、银、汞的冶炼方法，这些有色金属的开发和利用，使古代的青铜文化更显得丰富多彩。

公元前 1400 年左右，人类开始了利用铁的铁器文化，尽管与金和铜相比，铁的矿藏更加丰富，但由于当时在冶炼技术方面的限制，铁没能大量使用。

18 世纪欧洲发生的产业革命提出了对所有的金属材料确立大量生产法和加工精度的要求，极大地促进了金属工业的发展。工业化使得钢铁需求与日俱增，以德国的高炉的大型化为例，1861 年是每天 25 吨的规模，到了 1910 年激增为每天 400 吨的规模。在这之后，各种非铁金属类，例如铝、铝合金、锰、钛等都逐渐实现工业化生产，人类迈入轻金属开发时代。

2.1.1 金属的性能

（1）一般特性

金属材料呈微小的晶体结构，由纯金属或合金所构成。金属材料的性质主要取决于它的化学成分、组织结构和制造工艺。

金属的一般特性表现在以下几个方面。

① 金属材料几乎都是具有晶格结构的固体，由金属键结合而成。

② 金属材料是电与热的良导体。

③ 金属材料表面具有金属所特有的色彩与光泽。

④ 金属材料具有良好的延展性。

⑤ 金属可以制成金属间化合物，可以与其他金属或氢、硼、碳、氮、氧、磷与硫等非金属元素在熔融状态下形成合金，以改善金属的性能。合金可根据添加元素的多少，分为二元合金、三元合金等。

⑥ 除了贵金属之外，几乎所有金属的化学性能都较为活泼，易于氧化而生锈，产生腐蚀。

金属材料与其他材料相比的优点是：金属的导热、导电性能好，能很好反射热和光。由于金属硬度大、耐磨耗性好，因而可以用于薄壳构造。很多金属可以铸造，富于延展性，因此，可以进行各种加工。由于不易污损，易于保持表面的清洁，金属制品还能和其他材料很好地配合，发挥装饰效果和进行漂亮的加工。

金属材料与其他材料相比的缺点是：金属的密度比其他材料大，有的金属易生锈。由于金属是热和电的良导体，因此，绝缘性方面则较差。虽然具有特有的金属色，但缺乏色彩。此外，各种加工所需的设备和费用，比塑料和木材花费要大。

因此，综观金属材料的优点与缺点，有必要充分认识金属的性质加以有效利用。

（2）机械特性

金属的机械性能是指金属材料在外力作用下所表现出来的特性。

① 强度：材料在外力（载荷）作用下，抵抗变形和断裂的能力。

② 屈服点：也称屈服强度，指材料在拉伸过程中，材料所受应力达到某一临界值时，载荷不再增加变形却继续增加或产生 0.2%L 时应力值。

③ 抗拉强度：也叫强度极限，指材料在拉断前承受最大应力值。

④ 延伸率：材料在拉伸断裂后，总伸长与原始标距长度的百分比。

⑤ 断面收缩率：材料在拉伸断裂后、断面最大缩小面积与原断面积百分比。

⑥ 硬度：指材料抵抗其他更硬物体压入其表面的能力。

⑦ 冲击韧性：材料抵抗冲击载荷的能力。

（3）工艺特性

金属的工艺性能指材料承受各种加工、处理的能力的性能。

① 铸造性能：指金属或合金是否适合铸造的一些工艺性能，主要包括流性能、充满铸模能力；收缩性、铸件凝固时体积收缩的能力。

② 焊接性能：指金属材料通过加热或加热和加压焊接方法，把两个或两个以上金属材料焊接到一起，接口处能满足使用目的的特性。

③ 顶锻性能：指金属材料能承受顶锻而不破裂的性能。

④ 冷弯性能：指金属材料在常温下能承受弯曲而不破裂性能。

⑤ 冲压性能：金属材料承受冲压变形加工而不破裂的能力。

⑥ 锻造性能：金属材料在锻压加工中能承受塑性变形而不破裂的能力。

2.1.2 黑色金属

黑色金属是应用最广泛的钢铁材料。通常是以铁 - 碳二元合金为基础体系，并根据对材料性能和用途的不同要求，常加入其他各种合金元素以改变和提高钢的性能。根据钢铁材料的成分、组织结构与用途，钢铁材料可分为铸铁、碳素钢（碳钢）、低合金钢以及合金钢等，如图 2-2。

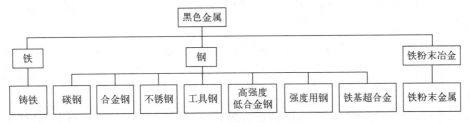

图2-2　黑色金属的组成

（1）铁

铁用于铸造或锻造。铸铁是含碳量大于 2.11%（一般为 2.5% ～ 4%）的铁碳合金。以铁、碳、硅为主要组成元素并含有较多的锰、硫、磷等杂质。为提高铸铁的机械性能或物理、化学性能，有时还可加入一定量的合金元素，得到合金铸铁。

① 生铁：生铁是指碳含量大于 2% 的铁碳合金。工业生铁一般含碳量不超过 4.5%。

② 铸铁：铸铁是指含碳量大于 2.11% 的铁碳合金。根据碳存在形态的不同，可以分为白口铸铁、灰口铸铁、可锻铸铁、球墨铸铁和高合金铁等多种类型。

③ 工业纯铁：工业纯铁是含碳量低于 0.04% 的铁碳合金，含铁约 99.9%，而杂质总含量约为 0.1%。工业纯铁可在电炉、平炉或氧气转炉中冶炼。它主要用于磁性材料。

④ 铁合金：铁合金是铁与一定量其他金属元素的合金。铁合金是炼钢的原料之一。在炼钢时作钢的脱氧剂和合金元素添加剂，用以改善钢的性能。

按所含元素的不同，铁合金又分为硅铁、锰铁和铬铁。

（2）钢

一般低碳钢的含碳量 < 0.25%；中碳钢的含碳量为 0.25% ～ 0.60%；高碳钢的含碳量 > 0.60%，钢的种类可按其化学成分，分为碳素钢（碳钢）、低合金钢以及合金钢。也可按其使用特性分为工程与结构用钢、合金钢、特殊钢、工具钢和专业用钢等。在产品设计中应用最多的是碳素钢（尤其是冷轧钢板材或型材）、不锈钢（主要为板材或标准型材）以及工具钢（用于模具）。

① 碳钢：也叫碳素钢，是含碳量小于 2% 的铁碳合金。碳钢除含碳外一般还含有少量的硅、锰、硫、磷。按用途可以把碳钢分为碳素结构钢、碳素工具钢和易切结构钢三类。碳素结构钢又可以分为建筑结构钢和机械制造结构钢两种。按含碳量可以把碳钢分为低碳钢（含碳 ≤ 0.25%），中碳钢（含碳 0.25% ～ 0.6%）和高碳钢（含碳 > 0.6%）。按磷、硫含量可以把碳素钢分为普通碳素钢（含磷、硫较高），优质碳素钢（含磷、硫较低）和高级优质钢（含磷、硫更低）。一般碳钢中含碳量越高则硬度越高，强度也越高，但塑性降低。

② 碳素结构钢：也叫优质碳素结构钢，含碳量小于 0.8%。除几个含碳很低的钢号可以熔炼沸腾钢外，其余都是镇静钢。碳素结构钢按含锰量不同可以分为正常含锰量

（0.25% ～ 0.8%）和较高含锰量（0.7% ～ 1.2%）两组，后者具有较好的机械性能和加工性能。碳素结构钢广泛用于建造厂房、桥梁、锅炉、船舶等。

③ 碳素工具钢：是基本上不含合金元素的高碳钢，含碳量在 0.65% ～ 1.35% 范围内，碳素工具钢的生产成本低，原料来源易取得，加工性良好，热处理后，可以得到高硬度和高耐磨性，所以是被广泛采用的钢种，用来制造各种刃具、模具、量具。

④ 合金钢：在碳钢的基础上添加适当种类和数量的其他元素，能够提高碳钢各方面的性能。这类特意添加了合金元素的钢称为合金钢。合金钢通过热处理可增强抗拉强度、耐腐蚀性、耐磨性等方面的性能。合金钢中加入的元素主要有硅、锰、钼、镍、铬、钒、钛、铌、硼、铝、稀土等。合金钢适用于需要高强度的中型、大型部件。其性能因特定量的合金元素而得到增强。

按用途可以把合金钢分为合金结构钢、弹簧钢、轴承钢、合金工具钢、高速工具钢、不锈耐酸钢、耐热不起皮钢、电工用硅钢等八大类。

⑤ 不锈钢：不锈耐酸钢（简称不锈钢），是指能抵抗大气腐蚀和能抵抗化学介质（如酸类）腐蚀的两类钢。一般说来含铬量大于 12% 的钢，就具有了不锈钢的特点。用它制备的制品能够长时间地保持金属光泽，美观洁净。大量应用于建筑、家用器具、医疗器械、石油化工、仪器仪表等领域。

2.1.3 粉末冶金

粉末冶金是制取金属粉末或用金属粉末（或金属粉末与非金属粉末的混合物）作为原料，经过成形和烧结，制造金属材料、复合材料以及各种类型制品的工艺技术。由于粉末冶金技术的优点，它已成为解决新材料问题的钥匙，在新材料的发展中起着举足轻重的作用。

粉末冶金技术已被广泛应用于交通、机械、电子、航空航天、兵器、生物、新能源、信息和核工业等领域，成为新材料科学中最具发展活力的分支之一。粉末冶金技术具备显著节能、省材、性能优异、产品精度高且稳定性好等一系列优点，非常适合于大批量生产。另外，部分用传统铸造方法和机械加工方法无法制备的材料和复杂零件也可用粉末冶金技术制造，因而备受工业界的重视。

粉末冶金具有独特的化学组成和机械、物理性能，而这些性能是用传统的熔铸方法无法获得的。运用粉末冶金技术可以直接制成多孔、半致密或全致密材料和制品，如含油轴承、齿轮、凸轮、导杆、刀具等，是一种少无切削工艺。

粉末冶金的生产工艺过程可分为五个阶段：制粉→混料→成型→烧结→后处理。

2.1.4 有色金属

除黑色金属之外的其他 83 种金属都叫作有色金属。有色金属的分类，大致上按其密度、价格，在地壳中的储量及分布情况，被人们发现和使用的早晚等分为五大类：轻金属（密度小于 4.5g/cm³ 的金属，如铝、镁、铍及它们的合金）、重金属（密度大于 4.5g/cm³ 的金属，如铜、锌、镍、铅及它们的合金）、贵金属（如金、银、铂等）、稀有金属（如钛、钨、铂、钒、铌、锗等）、半金属等，如图 2-3。

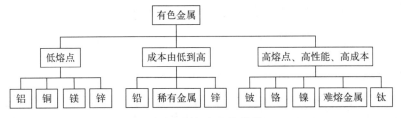

图2-3 有色金属的分类

① 轻金属：轻有色金属一般指密度在 4.5g/cm³ 以下的有色金属，包括铝、镁、钠、钾、钙、锶、钡。这类金属的共同特点是密度小（0.53 ～ 4.5g/cm³），化学活性大，与氧、硫、碳和卤素的化合物都相当稳定。

② 重金属：重有色金属一般指密度在 4.5g/cm³ 以上的有色金属，其中有铜、镍、铅、锌、钴、锡、锑、汞、镉、铋。根据每种重有色金属特性，可用于特殊的应用范围。例如铜是电气设备的基本材料；铅在化工方面制耐酸管道、蓄电池等有着广泛应用；镀锌的钢材广泛应用于工业和生活方面；而镍、钴则是制造高温合金与不锈钢的重要战略物资。

③ 贵金属：这类金属包括金、银和铂族元素（铂、铱、锇、钌、钯、铑）。由于它们对氧和其他试剂的稳定性，而且在地壳中含量少，开采和提取比较困难，故价格比一般金属贵，因而得名贵金属。它们的特点是密度大（10.4 ～ 22.4g/cm³），其中铂、铱、锇是金属元素中最重的几种金属；熔点高（916 ～ 3000℃）；化学性质稳定，能抵抗酸、碱、耐腐蚀（除银和钯外）。另外，金和银具有高度的可锻性和可塑性。钯、铂也有良好的可塑性，其他均为脆性金属。金、银有良好的导电性和导热性，而铂族元素的却很差。贵金属在工业上则广泛地应用于电气、电子工业、宇宙航空工业，以及高温仪表和接触剂等。

④ 半金属：一般是指硅、硒、碲、砷、硼。其物理化学性质介于金属与非金属之间，如砷是非金属，但又能传热导电。此类金属根据各自特性，具有不同用途。硅是半导体主要材料之一；高纯碲、硒、砷是制造化合物半导体的原料，硼是合金的添加元素等。

⑤ 稀有金属：通常是指那些在自然界中含量很少、分布稀散或难从原料中提取的金属。下面一些金属一般被认为是稀有金属，即锂、铷、铯、铍、钨、钼、钽、钛、锆、铪、钒、铼、镓、铟、铊、锗、钪、钇、镧、铈、镨、钕、钷、钐、铕、钆、铽、镝、钬、铒、铥、镱、镥、钋、镭、锕、钍、镁和铀以及人造超铀元素等。为了便于研究起见，根据各种稀有金属的某些共同点（如金属的物理化学性质、原料的共生关系、生产流程等）划分为以下五类——稀有轻金属、稀有高熔点金属、稀有分散金属、稀土金属和稀有放射性金属。稀有金属在冶金工业中常用来制造特种钢、超硬合金和耐高温合金等。稀有金属的名称也具有一定的相对性，稀有金属并不全部稀少，许多稀有金属在地壳中的含量比常用金属大得多，如锆、钒、锂、铍的含量比铅、锌、汞、锡的含量均大。随着科学技术的发展，它们与普通金属的界限正逐步消失。

由一种有色金属作为基体，加入另一种（或几种）金属或非金属组分所组成的既具有基体金属通性又具有某些特定性能的物质称为有色金属合金。

有色金属合金分类方法很多。按基体金属可分为铜合金、铝合金、钛合金、镍合金等；根据组成合金的元素数目，可分为二元合金、三元合金、四元合金和多元合金。一般合金组分的总含量小于 2.5% 者为低合金；含量为 2.5% ～ 10% 者为中合金；含量大于 10% 者为高合金。

合金有不少优于纯金属的性质。例如，纯铝的强度很低，不适于作结构材料，而硬铝（铝 - 铜 - 镁系的铝合金）经热处理后强度比纯铝大约高六倍，广泛地用于航空和机械工业。

① 铝合金：以铝为基础，加入一种或几种其他元素（如铜、镁、硅、锰等）构成的合金，称为铝合金。由于纯铝强度低，它的用途受到限制；在工业上多采用铝合金。根据生产工艺可分为变形铝合金和铸造铝合金。变形铝合金以各种压力加工半成品材料供应，铸造铝合金以合金锭供应。铝合金密度小，有足够高的强度，塑性及耐腐蚀性也很好。大部分铝合金可以经过热处理得到强化。因此，在航空、航天、汽车、拖拉机制造业及其他工业部门均得到广泛应用。

② 镁合金：以镁为基体的合金常称为镁合金。镁合金目前在工业（如航空、纺织、无线电、仪表及冶金等工业）上的应用越来越多。镁合金之所以获得广泛的应用，是因为它具有下列优点：a. 密度很小，比铝轻 1/3，其比强度（抗拉强度与比重之比值）较铝合金高；b. 疲劳极限高；c. 能比铝合金承受较大的冲击载荷；d. 在煤油、汽油、矿物油和碱类中的耐蚀性较高；e. 有良好的切削加工性。

镁合金的缺点在于：它的耐蚀性差；铸造性能也较铝合金差；在熔化时需要加入特殊的防护熔剂；需要用特种的混合型砂来制作砂模，此外，尽管镁合金的冲击韧性和疲劳强度好，但其对应力集中却很敏感，屈服点低和弹性系数小，也降低了镁合金作为结构材料的使用价值。镁合金与铝合金一样，根据加工方法可分为变形（压力加工）镁合金和铸造镁合金两大类。

③ 铜合金：以铜为基体的合金均称为铜合金。铜合金的品种很多（如各种黄铜、青铜及白铜），用途很广。但是，由于铜的储藏量有限，使用方面受到一定的限制。在某些工业部门过去用铜合金制造的零件，现已改用其他材料（如铝合金、塑料或其他）制造。

④ 轴承合金：轴承有滚动轴承和滑动轴承两种，滚动轴承是钢制的。轴承合金一般指滑动轴承所用之轴瓦合金。轴承合金按基体分类有锡基、镉基、锌基、铜基、铅基、铝基和银基轴承合金。对轴承合金的要求是既能使轴承正常运转，又不磨损轴。因此，轴承合金应具备下列性质：适当的强度和硬度，良好的塑性（磨合性），低的摩擦系数，高的耐磨性和抗腐蚀性，以及良好的导热性、黏附性等。

⑤ 印刷合金：印刷合金是应用比较久的一种合金，即所谓铅字合金，它能很好地满足印刷工作条件的某些特殊要求，如低熔点，高流动性，凝固时收缩小，具有一定的机械强度，能耐印刷油和清洗物的侵蚀等。

⑥ 硬质合金：是一种具有高硬度、良好的耐磨性、红硬性（即在较高的温度下能保持高硬度的性能，此时材料呈暗红色）以及一定的抗弯强度的硬质材料。它是用难熔硬度金属化合物（通常为碳化物，如碳化钨、碳化钛等）作基体，以钴、铁、镍等作黏结剂制成的。

⑦ 复合材料：也称双金属，主要是指用压力加工方法或其他方法，将两种以上金属（或合金）压合在一起的复合金属材料，也称双金属。还有一种复合材料称复合强化材料，例如纤维强化金属复合材料和纤维强化陶瓷复合材料。

2.2 金属材料成型

金属的主要成型方法包括液态成型、流体形态成型、塑性成型和固态成型。

2.2.1 液态成型

金属液态成型又称铸造，是将液态状金属浇注到与零件形状、尺寸相适应的铸型型腔中，待其冷却凝固，以获得毛坯或零件的生产方法。

（1）铸造加工

铸造在机械制造中有相当重要的地位。按重量计算，在机床、内燃机、重型机器中，铸件约占 50% ～ 70%；在汽车中约占 20% ～ 30%。目前铸造成形技术的方法种类繁多。应用最为普遍的是砂型铸造，有 90% 左右的铸件都是使用砂型铸造方法进行生产的。除砂型铸造以外的其他铸造方法统称为特种铸造。常用的特种铸造方法有：熔模铸造、金属型铸造、压力铸造、低压铸造、离心铸造、陶瓷型铸造、连续铸造等。总体来说，铸造相对其他成型方法有以下特点：

① 适应性强：铸造生产不受零件大小、形状及结构复杂程度的限制，在大件的生产中，铸造的优越性尤为显著。铸造生产一般不受合金种类的限制，常用的铸铁、钢、铝及铜等合金均能铸造。

② 成本低廉：与锻造相比，铸造使用的原材料成本低；单件小批生产时，设备投资少，生产的动力消耗少，铸件的形状尺寸与成品零件极为相近，原材料消耗及切削加工费用大为减少。

但铸造生产也存在着若干不足之处：铸造组织的晶粒比较粗大，且内部常有缩孔、疏松、气孔、砂眼等铸造缺陷，因而铸件的机械性能一般不如锻件；铸造生产工序繁多，工艺过程较难控制，致使铸件的废品率较高。随着铸造技术的发展，以上不足之处正在不断得到克服。

（2）砂型铸造

砂型铸造是用型砂剂制造铸型的铸造方法，俗称翻砂。砂型铸造适应性广，几乎不受铸件的形状、大小、复杂程度及金属合金种类的限制，工艺设备简单，成本低。砂型铸造的主要工序有：制造注模，制造铸型（砂型），浇筑金属液，落砂，清理等。砂型铸造的工艺过程如图 2-4 所示。图 2-5 中的滑板滚轴就是采用砂型铸造工艺制造而成的。

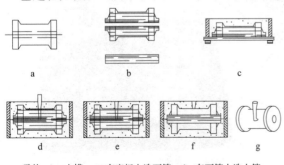

a—零件；b—木模；c—在底板上造下箱；d—在下箱上造上箱；
e—开外浇口；f—起模、修型、合箱；g—落砂后的铸件。

图2-4 砂型铸造的工艺过程

图2-5 采用砂型铸造工艺的滑板的滚轴

在设计砂型铸造铸件时应注意以下几点。

① 由于砂型铸造除可用两箱、多箱、活块劈箱等多种造型方法，因而较复杂的产品造型可以考虑用砂型铸造。但同时也要注意到，采用活块造型或多箱造型等方法很费工时，所以应力求使铸件的外形简单，轮廓平直。

② 在保证铸件刚度足够的前提下，应尽量将内腔设计成开口结构，不用或少用闭口式结构，凡顺着起模方向的内外不加工表面，都应设计结构斜度，以便不用或少用型芯，方便起模。

③ 砂型铸造的铸型表面粗糙，退让性好，起模、修模、下芯、合箱等各道工序都影响铸型的尺寸精度，不适用于对铸件表面尺寸及表面精度要求较高的产品。

④ 砂型铸件的大小一般不受限制，但铸件应尽量避免有过大的水平面，壁厚应力求均匀，铸件的壁厚应不小于合金的最小壁厚，也不能太厚，否则会导致机械性能的降低，而且内壁厚度应比外壁厚度薄，以防止内应力和裂纹。

⑤ 用砂型铸造方法铸造产品铸件时，铸件表面设计应避免采用凸线和凹沟，因为在砂型制作和浇铸时，沟和凸条易造成塌砂或形成厚薄不均，这时，应采用较宽的凸线来代替。

（3）特种铸造

人们在砂型铸造的基础上，通过改变铸型的材料、浇注方法、液态金属充填铸型的形式或铸件凝固的条件等，又创造了许多其他的铸造方法。通常把这些有别于砂型铸造的其他铸造方法统称为特种铸造。特种铸造生产过程易于实现机械化、自动化。生产的铸件的尺寸精度较高，表面粗糙度低。但特种铸造适应性差，一般适用于大批量生产。

① 熔模铸造。又称为精密铸造或失蜡铸造，它是在蜡模表面包以造型材料从而获得无分型面的铸型的铸造方法。公元前数百年，我国已使用蜡和牛油制作模型，复以黏土，熔去模型而得到型腔，用以铸造各种造型精美、带有花纹和文字的钟鼎和器皿，这种方法就是近代熔模铸造的前身。当今的一些艺术珍品，就是用此法制成的。而熔模铸造广泛地应用于工业产品生产上却是自 21 世纪 40 年代才开始的。

熔模铸造的工艺过程是先用易熔材料制成模型，在模型表面涂挂耐火涂料后硬化，反复多次，并将模型熔出，焙烧硬壳，即可得到无分型面的铸型。用这种铸型浇注后即可获得尺寸准确和表面光洁的铸件。高尔夫球杆的击球部位的设计就是采用钛在真空成型的熔模中铸造而成的，如图 2-6。

图2-6　采用钛在真空成型的熔模中铸造而成产品　　图2-7　金属型铸造的模具和芯

熔模铸造，尺寸精确，不必再加工或少加工，能够铸造各种铸造合金铸件，但熔模铸造工序较多，生产周期较长。因此，适用于生产形状复杂、精度要求较高或那些高熔点及难以切削加工的小型零件，如发动机叶片和叶轮等。

在设计熔模铸造铸件时应注意：a.熔模铸造所用的铸型没有分型面，不必考虑起模问题，因而对铸件的结构基本没有限制；b.熔模铸造使用的蜡模强度低，熔化金属的感应电炉一般只有 50～100kg，所以一般只适宜生产重量小于 25kg 的小铸件。c.考虑到熔模铸造工艺的限制，对铸件的设计，应尽量使铸件各处的壁厚均匀，太厚处应用设孔的方法改进。有时可将由几个零件组合而成的部件，通过改变设计，由熔模铸造整体铸出。

② 金属型铸造。将液态金属浇入金属铸型，从而获得铸件的铸造方法称为金属型铸造，由于金属型可以使用多次，所以又称为永久型铸造。铸型常用铸铁、铸钢等材料制成，可反复使用，直至损耗。

金属型铸造所得铸件的表面光洁度和尺寸精度均优于砂型铸件，且铸件的组织结构致密，力学性能较高，比砂型铸件的抗拉强度可平均提高 10%～20%，同时抗腐蚀性和硬度也显著提高。金属型铸造也有它的缺点，制造成本高、周期长，铸造透气性差、无退让性，易使铸件产生冷隔、浇不足、裂纹等铸造缺陷。

金属型铸造主要适用于大批量生产的有色合金铸件，如内燃机的铝活塞、气缸体、缸盖、油泵壳体以及铜合金轴瓦、轴套等。金属型铸造有时也可用来制造形状较简单的可锻铸铁件或铸钢件。金属型铸造的模具和芯如图 2-7 所示。

在设计金属型铸造铸件时应注意以下几点：a.金属型铸造通常使用金属铸型和型芯，无退让性，铸型也不能溃散，为了使型芯和铸件容易取出，铸件的形状要求简单。b.金属型使用的铸型和型芯，制造困难，成本高，不可能太大，因而设计的铸件重量不能太大。c.受铸型的限制，金属型铸件合金熔点不宜太高。

③ 压力铸造。简称压铸。在压铸机上，用压射活塞以较高的压力和速度将压室内的金属液压射到模腔中，并在压力作用下使金属液迅速凝固成铸件的铸造方法。加工出的铸件尺寸精确，表面光洁，组织致密，机械性能强，生产效率高。主要用于锌、铝、镁、铜及其合金等铸件的生产。

压铸件是在金属压型和型芯共同作用下成型，因此，设计压铸件时应使压型制作方便，型芯易于取出。压铸件壁薄且结构致密性好，强度和耐磨性好，但厚度最好设计为 0.5～3.5mm 为宜，厚壁结构会导致产品机械性能下降（图 2-8、图 2-9）。

图2-8 采用压力铸造工艺制成的铝镁合金架　　图2-9 采用压力铸造和金属型铸造工艺的轮具

在设计压力铸造铸件时应注意以下几点：a.压力铸造和金属铸造一样，通常使用金属铸型和型芯，无退让性，铸件的形状要设计得尽量简单。b.压力铸造使用的铸型和型芯，制造困难成本高，不可能太大，而且压铸件大小还受压铸机吨位的限制，因而设计的铸件重量不能太大。c.能使铸件表面获得清晰的花纹、图案及文字等，适用于制造小型、薄壁、带镶嵌件的复杂铸件产品，可获得较满意的外观质量。

④ 离心铸造。将液态金属浇入高速旋转的铸型中，使金属在离心力的作用下填充铸型并凝固成型的铸造方法称为离心铸造。离心铸造的铸件组织致密，力学性能好，可减少气孔、夹渣等缺陷。常用于制造各种金属的管形或空心圆筒形铸件，也可制造其他形状的铸件。

离心铸造在离心铸造机上进行。根据铸型旋转轴在空间的位置，离心铸造机分为立式离心铸造机和卧式离心铸造机两类。立式离心铸造机上的铸型是绕垂直轴旋转的，它主要用来生产高度小于直径的圆环类铸件。卧式离心铸造机的铸型是绕水平轴旋转的，主要用来生产长度大于直径的套类和管类铸件。目前离心铸造已广泛用于制造铸铁管、缸套及滑动轴承，也可采用熔模壳离心浇注刀具、齿轮等成形铸件（图 2-10）。

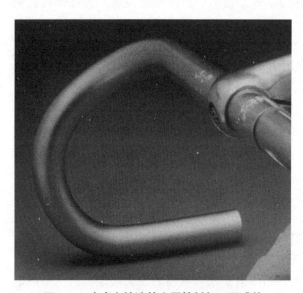

图2-10　由离心铸造的金属管材加工而成的自行车手把

设计离心铸造铸件时应注意到，离心铸造的不足之处是铸件的内表面质量差，孔的尺寸不易控制。虽然这并不妨碍一般管件的使用要求，但对于内孔待加工的机器零件，须采用加大内孔加工余量的方法来解决。

（4）铸造方法的选择

各种铸造方法都有其优缺点，不能认为某种方法最完善。每一个铸件在铸造之前，都必须根据其具体条件选择它的铸造方法。选择铸件的铸造方法，不仅要从生产批量、铸造合金的种类、铸件的重量、形状、尺寸精度及表面粗糙度要求等铸件本身的因素考虑，而且还要与后续加工的成本及生产现场条件等因素一起综合考虑，有时采用特种铸造方法生产的铸件成本比砂型铸造要高，但由于节省了大量的切削加工设备和工时，提高了铸造合金的利用率，节约了金属材料，提高了生产率，往往使零件的总成本反而比砂型铸件低。

尽管砂型铸造有许多缺点，但其适应性最强，且设备比较简单。因而，它仍然是当前生产中最基本的铸造方法。特种铸造仅在一定条件下，才能显示其优越性。各种铸造方法的比较如表 2-1 所示。

表2-1 各种铸造方法的比较

比较项目	砂型铸造	熔模铸造	金属型铸造	压力铸造
使用的金属范围	各种铸造合金	以碳钢、合金为主	各种铸造合金，但以有色金属为主	多用于有色金属
使用铸件的大小及重量范围	不受控制	一般小于25kg	中、小铸件，铸钢件可至数吨	中、小件
使用铸件的最小壁厚/mm	铝合金>3；铸铁>3~4；铸钢>5	通常0.7；孔ϕ1.5~2	铝合金>3~4；铸铁>4；铸钢>5	铜合金>2；其他合金>0.5~1；螺纹及孔ϕ>0.7
铸件的表面粗糙度最大允许值/μm	8~10	1.6~25	3.2~12.5	0.8~6.3
铸件尺寸公差	100±1.5	100±0.3	100±0.4	100±0.3；合型方向为100±0.5
铸件的结晶组织	晶粒粗大	晶粒粗大	晶粒细	晶粒细
生产率（一般机械化程度）	低、中	中	中	高
小量生产时的适应性	最好	良	良	不好
大量生产的适应性	良	良	良	最好
模型或铸型制造成本	最低	较高	中等	最高
铸件的切削加工量	最大	较小	较大	最小
金属利用率	较差	较差	较好	较差
切削加工费用	中等	较小	较小	最小
设备费用	较高（机器造型）	较高	较低	较高
应用举例	各类铸件	刀具、动力机械叶片、汽车、拖拉机零件、测量仪器、电信设备、计算机零件等	发动机零件、飞机、汽车、拖拉机零件、电器、农业机械零件、民用器皿	汽车、拖拉机、计算机、电器、仪表照相器材、国防工业等零件

2.2.2 塑性成型

金属塑性成型是指在外力作用下，使金属材料产生预期的塑性变形，以获得所需形状、尺寸和力学性能的毛坯或零件的加工方法。在工业生产中又称压力加工。

金属塑性加工能够使产品的功能性与美观性达到高度协调统一，以其生产效率高、质量好、重量轻及成本低等优点在产品生产中占有重要地位。金属塑性加工件在我们身边的产品中得到广泛的运用，如在汽车、飞机等产品中，金属塑性加工件的比例达到65%以上，在产品外观造型上发挥巨大作用，得到产品设计师的重视。

（1）金属塑性加工原理及特点

金属塑性加工是指在外力作用下，使金属坯料产生预期的塑性变形，从而获得具有一定形状、尺寸和机械性能的毛坯或零件的加工方法。

在成型的同时，能改善材料的组织结构和性能，产品可直接制取或便于加工，无切削，金属损耗小，适于专业化大规模生产。要求金属材料必须具有良好的塑性，低、中碳钢及大多数有色金属的塑性较好，都可进行塑性成型加工，而铸铁、铸铝合金等脆性材料，塑性很差，不能或不宜进行塑性成型。

利用金属塑性成型过程不仅能得到强度高、性能好的产品，且多数成型过程具有生产率高、材料消耗少等优点，使其在各行业中成为不可缺少的材料成型方法。

（2）金属塑性加工方法分类

工业中主要的金属塑性成型方法有：轧制、挤压、拉拔、自由锻造、模型锻造、板料冲压。随着生产技术的发展，综合性的金属塑性加工应用越来越广泛。

通常，轧制、挤压、拉拔主要是用来生产各类型材、板材、管材、线材等工业上作为二次加工的原（材）料，也可用来直接生产毛坯或零件如热轧钻头、齿轮、齿圈，冷轧丝杆，叶片的挤压等等；机械制造业中用锻造（自由锻和模锻）来生产高强度、高韧度的机械零件毛坯，如重要的轴类，齿轮、连杆类，枪炮管等；板料冲压则广泛用于汽车制造、船舶、电器、仪表、标准件、日用品等工业中。

（3）金属塑性加工过程

① 锻造。是利用手锤、锻锤或压力设备上的模具对加热的金属坯料施力，使金属材料在不分离条件下产生塑性变形，以获得形状、尺寸和性能符合要求的零件（图2-11、图2-12）。为了使金属材料在高塑性下成型，通常锻造是在热态下进行，因此锻造也称为热锻。

锻造按成型是否用模具通常分为自由锻和模锻。自由锻是将金属坯料放在上、下砧铁之间，施以冲击压力和静压力，使其产生变形的加工方法。模锻是将金属坯料放在具有一定形状的锻模模腔内，施以冲击压力或静压力而使金属坯料产生变形的加工方法。

锻造按加工方法分为手工锻造和机械锻造。在现代金属装饰工艺中，常用的锻造方法是手工锻造。手工锻造是一种古老的金属加工工艺，是以手工锻打的方式，在金属板上锻锤出各种高低凹凸不平的浮雕效果。手工自由锻，一般用于小型金属工艺品的制作；手工模锻，一般用于大中型金属工艺品的制作。

图2-11 冰斧的前、后镐由机械锻压合金钢制造而成　　**图2-12 钉鞋鞋底钉由镍铬钼钢材锻造而成**

设计自由锻造件时应注意：a.因为自由锻造采用简单、通用的工具，所以锻件的形状和尺寸精度在很大程度上取决于锻造工人的技术水平，锻件的形状不宜复杂。b.圆锥体及斜面的锻造需专用工具且不易锻出，设计中应尽量避免。c.两圆柱体相接的造型锻造困难，应将其改为平面相接。d.应避免加强筋及表面凸台结构。e.椭圆形及工字形截面，弧线型及曲线形表面也应尽量避免。

设计模具锻造件时应注意：a.为了保证锻件易于从锻模模腔中取出，锻件必须有一个合理的分模面。b.零件上的加工面要留有机械加工余量，非加工表面与捶击方向平行的零件侧面应设计出模锻斜度。转角处要有一定的圆角。c.零件的形状应力求简单、平直、对称，避免面积差别过大；避免薄壁、高筋、凸起等外形结构。d.在零件结构允许的情况下，尽量避免有深孔或多孔结构。孔径小于30mm或孔深大于直径两倍者，均不能直接锻出通孔，只能先压凹。

② 轧制。将金属靠摩擦力的作用，连续通过轧机上两个相对回转轧辊之间的空隙，进行压延变形成为型材（如圆钢、方钢、角钢、T字钢、工字钢、槽钢、Z字钢、钢轨等）的加工方法。

按轧制温度分为热轧和冷轧。热轧是将材料加热到再结晶温度以上进行轧制，热轧变形抗力小，变形量大，生产效率高，适合轧制较大断面尺寸，塑性较差或变形量较大的材料。冷轧则是在室温下对材料进行轧制。与热轧相比，冷轧产品尺寸精确，表面光洁，机械强度高。冷轧变形抗力大，变形量小，适于轧制塑性好，尺寸小的线材、薄板材等。

③ 挤压。将金属坯料置于一封闭的挤压模内，用强大的挤压力将金属从模孔中挤出成形，从而获得符合模孔截面的坯料或零件的加工方法。挤压过程中金属坯料的截面依照模孔的形状减小，坯料长度增加。挤压可以获得各种复杂截面的型材或零件。

生产中常用的挤压方法有以下几种：a. 正挤压。金属流动方向与凸模运动方向相同的挤压称为正挤压。b. 反挤压。金属流动方向与坯模运动方向相反的挤压称为反挤压。c. 复合挤压。坯料上一部分金属的流动方向与凸模运动方向相同，而另一部分金属流动方向与凸模运动方向相反的挤压称为复合挤压。d. 径向挤压。金属的流动方向与凸模运动方向成90°角的挤压称为径向挤压。

适合于挤压加工的材料主要有低碳钢、有色金属及其合金。通过挤压可以得到多种截面形状的型材或零件。

④ 拉拔。用拉力使大截面的金属坯料强行穿过一定形状的拉拔模的模孔，以获得所需断面形状和尺寸的小截面毛坯或制品的工艺过程（图2-13、图2-14）。

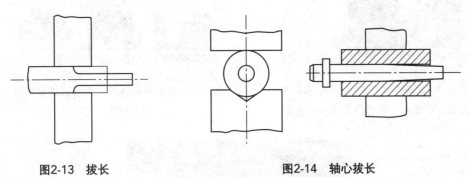

图2-13 拔长   图2-14 轴心拔长

拉拔生产主要是用来制造各种细线材、薄壁管及各种特殊几何形状的型材。拔制产品尺寸精度较高，表面光洁并具有一定机械性能。低碳钢及多数有色金属及合金都可拔制成型。

⑤ 冲压。金属板料在冲压模之间受压产生分离或产生塑性变形的加工方法（图2-15、图2-16）。按冲压加工温度分为热冲压和冷冲压，前者适合变形抗力高，塑性较差的板料加工；后者则在室温下进行，是薄板常用的冲压方法。

冲压加工方法的主要优点在于通过金属材料的塑性变形改善金属的内部组织，提高金属的机械性能。冲压加工生产效率高，产品尺寸均匀一致，表面光洁，可实现机械化、自动化，适合大批量生产，成本低。

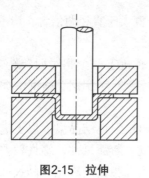

图2-15　拉伸

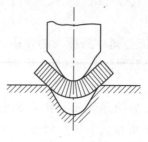

图2-16　弯曲

冲压加工方法的不足之处是压力加工只适用于加工塑性金属材料，对于脆性材料如铸铁、青铜等则无能为力；而且不适于加工形状太复杂的零件。对于外形和内腔复杂的零件，采用铸造方法生产一般比压力加工方法更为方便。

冲压加工方法适用范围广，从形状简单的螺钉毛坯，到形状复杂的曲轴毛坯；从1g重的表针到几百吨重的发电机大轴均可生产。因此，广泛应用于航空、汽车、仪器仪表、电器等工业部门和生活日用品的生产（图2-17～图2-19）。

图2-17　"妈咪"系列锅由钢板经冲切机、冷压机、平衡机、切边机及焊接机成型

图2-18　多款家具陈设均由镀锌钢板弯折加工而成

图2-19　弯曲机正在对钢管进行精确弯曲

设计冲压件时应注意：a.外形及冲孔的孔形应力求简单对称。尽量采用圆形、矩形等规则形状，尽量避免长槽与细长悬臂结构。b.冲孔时，圆孔直径不得小于材料厚度；方孔边长不得小于材料厚度的0.9倍；孔与孔、孔与边距离不得小于材料厚度；零件外缘凸出或凹进的尺寸不得小于材料厚度的1.5倍。c.为了避免由于应力集中而引起模具开裂，轮廓的转角处都应有一定的圆角半径。d.为防止弯裂，弯曲时应考虑纤维方向，并使弯曲半径不能小于材料许可的最小弯曲。e.为便于加工，拉深件形状应简单、对称，拉深件底部转角和凸绕处转角均应有一定的圆角半径。

2.2.3 固态成型

固性成型通常是在室温下，金属板、棒、线或管的成型方式。

（1）单纯弯曲

① 线材和管材的成型。因为相对而言成本低、强度高且耐用，所以成型板材、棒材、线材和管材对工业设计师非常重要，特别是在汽车、交通工具设计中，以及住宅、工业、医疗产品领域的一大批配件和研究设备方面。全尺寸的短期机柜和几乎所有的大的附件很有可能都是用铝板或钢板制成的。大部分或大或小的家用电器及附件都是用金属板材制成，特别是在那些容易发热的地方，比如各种烤箱或是灯具的固定架。

线材弯曲成型需要专用工装设备，但是不失为一种经济的生产工艺。成型点焊线材非常牢固，在很多行业都得到广泛应用。图2-20为金属线材弯曲制成的座椅靠背。

图2-20　金属线材的弯曲

管材及其他具有空心截面的材料的弯曲成型需要一个叫作芯轴的内部支撑，以防止在弯曲成型过程中管材发生卷曲。图2-21为管材弯曲的示意图。

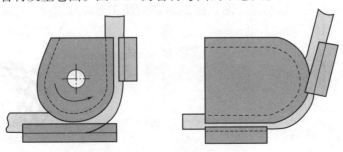

图2-21　管材弯曲的示意图

② 金属板材的成型。沿着一个平面方向使金属板材弯曲通常是相当便宜的，这样的操作能够创造出一个简单的形状并且给金属板材一定的硬度和强度。用手操纵的制动器就可以完成一些弯曲操作。

制动器（摩擦接触的模具）是一种在小型模型工厂里都可以找到的弯曲工具，而且很便宜。它通常拥有一些附件，能提供不同的弯曲半径。手持的制动器用于住宅或商用铝墙板的现场弯曲。

金属板材在一个轴线方向上的滚轧成型是一种廉价的工艺。带有可调节滚轮的手控机器提供一系列滚动半径。这些机器通常为一些小型模型工厂所使用。滚筒弯曲加工示意图如图 2-22 所示。

③ 自由折弯和 V 模弯折。自由折弯，又叫三点折弯，是一种价格适中的加工工艺，它是将金属对着开放的空间冲压而不使用模具。金属在两个点被支持，然后（在第三个点）被冲压机冲击，从而产生折弯。尽管不使用模具能够减少成本，但是与 V 模弯折相比，自由折弯的精确性要差一些。计算机控制的大型板材成型机器能够完成相当复杂的弯曲，但是每次弯曲只能在一个轴线方向上进行。

V 模弯折是最贵的弯折工艺，因为需要用到一组匹配的冲压机和模具（或者工具），而且需要复杂的计算机控制。这种设备可以实现非常精确的弯折，所以常常为特定的用途而设计（图 2-23）。

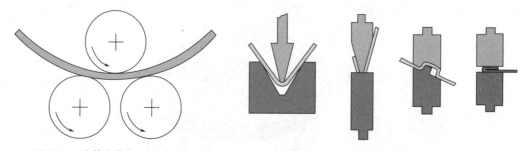

图2-22　滚筒弯曲加工示意图　　　　图2-23　金属弯曲成型示意图

（2）旋压

旋压通常用于生产对称的杯状或飞盘状的阀盘。这一工艺过程看上去非常有趣，即便是它发生在你眼前，你也会感觉到从金属片到最终形状的转变难以置信。当金属片材在专门的机床上旋转时，成型工具将它压入木模或者金属模中。金属被挤压后会造成一些流动，最终使厚度发生改变。这样既有好处也有不利：好的方面是强度得到提高，而不好的方面是材料变脆而且其他的机械性能也发生了改变。设计师可以充分利用这一条件进行设计。本工艺属于劳动密集型，但是模具比较便宜。旋压工艺可以应用到机械化大规模生产中，但还不能和铸造的产量相提并论。图 2-24 为旋压工艺原理图。

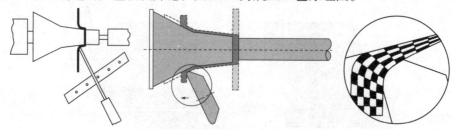

图2-24　旋压工艺原理图

金属材料切削

2.3.1 金属切削加工

（1）原理及分类

金属切削加工是利用切削刀具在切削机床上（或用手工）将金属工件的多余加工量切去，从而获得符合要求的几何形状、尺寸精度和表面粗糙度的加工方法。

金属切削加工可分为钳工和机械加工两部分，机械加工又包括车削、铣削、刨削、磨削、钻削、镗削等。

① 钳工。钳工是利用各种手工工具对金属进行切削加工的。基本的加工方法有划线、錾切、锯割、挫削、钻孔、攻丝、套扣和刮研等。

钳工操作大部分是用手工完成。因此，生产率低，劳动强度大。为了减轻工人的体力劳动提高生产率，钳工中某些工作已逐渐被机械加工所代替。但由于钳工工具简单、加工灵活方便，可以完成目前用机械加工所不能完成的一些工作，如精度量具、样板、夹具和模具等制造中的一些钳工活；零、部件需通过钳工装配成机器；损坏的机器需要钳工修配，恢复其性能。因此，钳工在工业产品制造中，仍起着重要作用。

② 机械加工。机械加工（简称机加工）是通过了人操纵机床对工件进行切削加工的。其主要方法是车、钻、铣、刨、磨和齿轮加工等。在现代机械制造中，一般都要进行切削加工。随着精密铸造和精密锻造的发展，使锻件、铸件的精度和表面质量大为提高，应用范围不断扩大。但是，作为零件的最终手段，使零件的表面得到更高的精度和更高的光洁表面，切削加工仍是不可缺少的方法。所以切削加工在金属材料加工中仍占有相当重要的地位。

（2）金属切削加工件的设计要求

① 加工件的结构应使加工方便，应符合下述要求。

a. 加工件装夹到夹具上才能进行机械加工，因此其结构应便于装夹。

b. 尽量减少工件的安装次数，这样既能够减少装卸工件所需的辅助时间，又可减少安装误差。

c. 被加工件表面尽量设计在同一平面上，同时斜度相同，可使工件在工作台上调整的次数减少。

d. 结构应设计为采用标准工具加工，可减少刀具种类。

e. 加工内表面时，刀具的形状和尺寸受到限制，对刀和测量等操作都比较困难，不仅影响生产率的提高，同时又增加了辅助时间，质量较难保证。因此，尽量避免内表面加工，设计时应将内表面的加工改为外表面加工。

f. 造型件上需要加工的部件，常常须设计出退刀槽、越程槽和让刀孔等结构，以便加工时进刀和退刀。

② 被加工件的形状必须避免钻头单边进行工作，应能使切刀不受冲击. 使铣刀有足够多的刀齿同时进行铣削等，有助于提高刀具的刚性和寿命。

③ 尽可能减少加工表面数和缩小加工表面面积，如将孔的钮平面改为端面车削，可使加工表面数大大减少。

④ 为减少切削加工量，在满足使用要求的情况下，尽量选择使用型材。

（3）金属切削加工的主要特点

金属切削加工是一种通过切削工具将金属材料从工件上去除的加工方法，应用广泛。其主要特点如下：

① 加工精度高：金属切削加工可以实现高精度加工，满足对工件尺寸、形状、表面质量等要求较高的加工需求。

② 加工能力强：金属切削加工可以加工各种复杂形状的工件，如曲面、孔洞、螺纹等。

③ 加工适应面广：金属切削加工适用于多种金属材料，包括钢、铝、铜、铁、不锈钢等。

④ 加工效率高：金属切削加工可以实现高效率的生产，能够满足大批量生产的需求。

⑤ 加工工具寿命较短：金属切削加工对切削工具的要求较高，切削工具需要具有足够的硬度、耐磨性和耐冲击性。

⑥ 加工过程中产生热量：金属切削加工过程中，切削工具与工件之间的摩擦会产生大量热量。需要采取散热措施，保证加工质量。

⑦ 切削加工专业性强：金属切削加工需要使用专业的设备和技术。

2.3.2 特种加工技术

（1）特种加工

特种加工是指传统的切削加工以外的新的加工方法。由于特种加工主要不是依靠机械能、切削力进行加工，因而可以用软的工具（甚至不用工具）加工硬的工件。可以用来加工各种难加工的材料、复杂表面和有某些特殊要求的工件。特种加工技术在国际上已成为21世纪的技术。

特种加工的种类多样，一般按能量形式和作用原理进行分类（图2-25）。

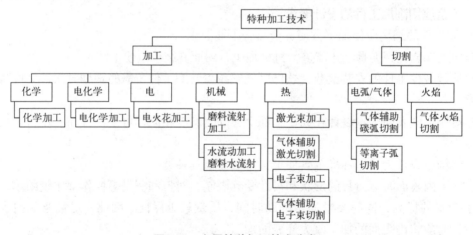

图2-25　金属特种加工技术分类

① 按电能与热能作用方式可分为：电火花加工（EDM）、线切割加工（WEDM）、电子束加工（EBM）、等离子加工（PAM）。

② 按电能与化学能作用方式可分为：电解加工（ECM）、电铸、电刷镀。

③ 按电化学能与机械能作用方式可分为：电解磨削（ECG）、电解珩磨（ECH）。

④ 按声能与机械作用能作用方式有超声波加工（USM）。

⑤ 按光能与热能作用方式有激光加工（LBM）。

⑥ 按电能与机械能作用方式有离子束加工（IM）。

⑦ 按液流能与机械能作用方式有挤压珩磨（AFH）、水射流（WJC）。

（2）火焰/热切割

火焰切割（flame cutting）是钢板粗加工的一种常用方式。火焰切割即气切割，传统的是使用乙炔气切割，后来用丙烷，现在出现了天然气切割，并且由于天然气储量丰富、价格便宜、无污染等特性，已经成为火焰切割的首选。火焰切割是利用氧化铁燃烧过程中产生的高温来切割碳钢，火焰割炬的设计为燃烧氧化铁提供了充分的氧气，以保证获得良好的切割效果。

这里对常见的氧乙炔切割与等离子弧切割的工艺特点进行介绍。氧乙炔切割是将乙炔和氧气混合在切割附件室，使用特殊的尖端点燃。当金属加热到临界温度时，随着氧气流量的增加可以氧化金属，产生切口，它可以割厚度为6英寸的钢板，如图2-26所示。

等离子弧切割产生的温度要高于氧乙炔工艺，因此切割效率更高。等离子弧切割因为其切割面光滑、易于自动化而成为较为流行的热切割方法，常用来切割有色和不锈钢。与氧气乙炔切割相比，等离子弧切割的优点是它更紧凑，不需要笨重的气罐和软管，仅需要一个高压电源。

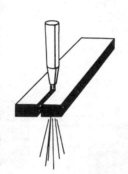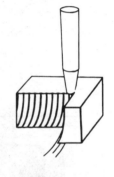

(a) 使用氧乙炔切割钢板　　(b) 切割板块断面呈现拖线

图2-26　氧乙炔切割

2.4　金属材料拼接

将多个金属部件拼接成具有特定功能的产品或大型部件，以便进一步进行加工成型。

通常在设计过程中可根据部件的功能、塑形流程、使用状况、使用寿命或成本的不同而选择各类拼接的方法。

2.4.1 机械拼接

（1）机械拼接方式

机械拼接可根据产品工件功能的需要作产品之间的临时连接，或永久性的连接。对于可回收的，或需要经常维护及修理的工件，该拼接法则显得十分便捷、实用。拼接方式有以下几种。

① 项圈拼接。该装置可以保持转轴自由运转，同时防止脱轴现象的发生。项圈通常是附带有固定螺丝钉的金属圆环。圆环绕着转轴轻轻滑动。在螺丝钉外部加压，使其嵌入转轴内，此时，项圈与转轴之间由于张力作用，其连接将更为紧密，如图2-27（a）所示。

② 销栓拼接。可保持转轴自由运转，同时防止脱轴现象的发生。销栓的形状各有不同，通常为较长的圆柱形。使用方法：在转轴的轴线的垂直方向上钻孔，再插入销栓，即可固定，如图 2-27（b）所示。

③ 螺钉拼接。大部分要同螺母配合使用。螺钉包括很多类型的扣件，如机械螺丝、螺钉及自攻螺丝，如图2-27（c）所示。

④ 压扣拼接。使用方法：将两部件扣接在一起，插槽会因为下压力而改变位置，进而和孔槽平行，随后插槽迅速恢复原状，嵌入孔槽内，并确保装配安全。压扣由两部分扣件组成。在其中一个部件上制作突起的插槽，另一部分制作配套的孔槽，如图2-27（d）所示。

⑤ 铆钉拼接。铆钉的种类多种多样，通常用于永久性固定部件。

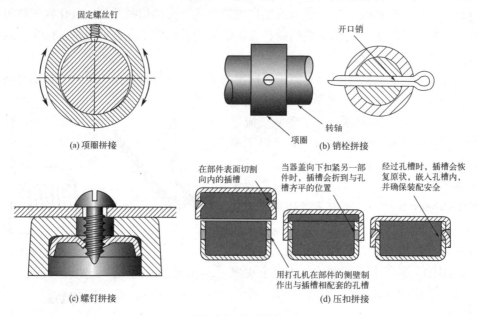

图2-27　机械拼接

（2）机械紧固件

紧固件是将两个或两个以上的零件（或构建）紧固连接成为一个整体时所采用的一类机械零件的总称。使用行业广泛，包括能源、电子、电器、机械、化工、冶金、模具、液压等行业，在各种机械、设备、车辆、船舶、铁路、桥梁、建筑、结构、工具、仪器、化工、仪表和用品等上面，都可以看到各式各样的紧固件，是应用最广泛的机械基础件。它的特点是品种规格繁多，性能用途各异，而且标准化、系列化、通用化的程度也极高。因此，紧固件在市场上也称为标准件。图2-28为工业中常见的紧固件，图2-29为机械紧固件的分类。

图2-28　常见的紧固件

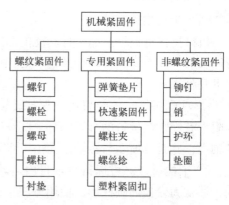

图2-29　机械紧固件分类

机械紧固件通常在产品生产的装配阶段使用，它是成本非常昂贵的，因此最佳的方案是尽量减少机械紧固件，而采取更加创新的方式或集成设计的方式来进行产品装配。当使用机械紧固件时，产品中零件的数量通常与装配该产品的成本成正比。虽然机械紧固件通常不到制造产品总成本的 5%，但组装和紧固件通常占制造产品成本的大部分。

2.4.2 粘接

粘接工艺指用黏合剂将两个或两个以上的工件粘接在一起的过程。在粘接过程中，可在工件表面制作机械的印记，用以避免粘接时出现错位。在粘接前，应先对部件进行清洁，以避免脱模现象的产生，从而确保粘接安全。

2.4.3 焊接

焊接是被焊工件的材质（同种或异种），通过加热或加压或两者并用，并且用或不用填充材料，使金属内部原子的结合与扩散作用牢固地连接起来而形成永久性连接的工艺过程。

焊接具有省材料、重量轻、密封性好、可承受高压、简化工序、缩短生产周期，易于实现机械化和自动化生产等优点。因此，在现代化工业生产中被广泛应用。图 2-30 ～图 2-32 是有关焊接的产品。

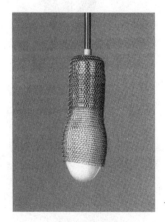

图2-30 自行车轴套部位的焊缝　　图2-31 "金属丝框架"高背椅　　图2-32 灯罩是经等离子体
　　　　　　　　　　　　　　　　由低碳钢钢棒经点焊而成　　　　　　焊接的不锈钢织网

（1）熔焊

熔焊是在焊接过程中将工件接口加热至熔点，不加压力完成焊接的方法。熔焊时，热源将待焊两工件接口处迅速加热熔化，形成熔池。熔池随热源向前移动，冷却后形成连续焊缝而将两工件连接成为一体。

熔焊工艺包括弧焊、电焊、激光焊和电阻焊等，如图 2-33 所示。下面简要介绍其中几种。

① 气体保护电弧焊，用焊枪加热焊丝产生电弧。自耗性电弧作用类似填充金属，但焊接区域必须喷以惰性气体，以防止氧化，如图 2-34 所示。

② 气体保护钨极弧焊：是利用非自耗型钨极电弧来加热并焊接工作部件。如有必要可适当使用焊条。焊接区域内填充的惰性气体可防止焊剂氧化，如图 2-35 所示。

③ 埋弧焊：是一种半自动或几乎全部自动的焊接方法。它是用粒状焊剂覆盖裹以气体保护电弧的金属溶剂。焊剂可以充当屏障，以防止热能外泄。该方法可以用以焊接较薄的原料，如图 2-36 所示。

④ 缝焊：在缝焊的过程中，使用反作用的旋转电极轮将两个部件贴合面的边缘处焊接在一起，如图 2-37 所示。

⑤ 点焊：将叠置的金属片材安放在铜质的电极之间，再用电流将片材的局部焊接在一起。点焊会造成金属表面的细微变形，因此在进行点焊时，应该在片材间预留一些空隙，如图 2-38 所示。

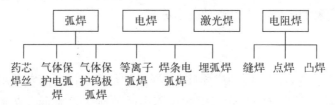

图2-33　熔焊工艺

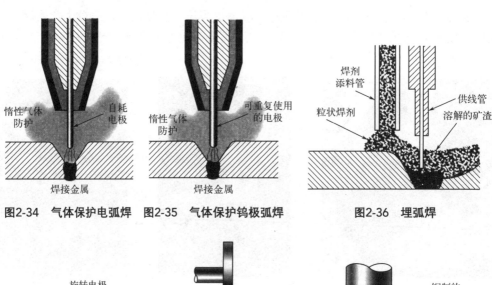

图2-34　气体保护电弧焊　图2-35　气体保护钨极弧焊　图2-36　埋弧焊

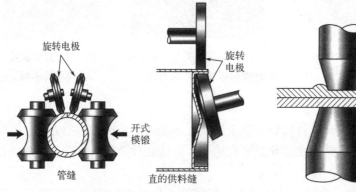

图2-37　缝焊　　　　　　　　　图2-38　点焊

（2）钎焊

钎焊是使用比工件熔点低的金属材料作焊料，将工件和焊料加热到高于焊料熔点、低于工件熔点的温度，利用液态焊料润湿工件，填充接口间隙并与工件实现原子间的相互扩散，从而实现焊接的方法，如图 2-39 所示。

（3）金属焊接结构的设计

造型设计人员在设计焊接结构时，首先要考虑所选金属材料的焊接性，注意结构设计及焊接工艺的合理。设计焊接件时应注意以下几点。

① 所设计的焊缝便于施焊，有足够的施焊空间，便于焊条和焊把的伸入，仰焊缝应尽量避免或者使设计的焊缝适合埋弧。

② 处于小空间位置施焊，尤其在封闭空间内操作，不仅不方便，而且对工人健康不利，应尽量避免。例如容器应尽可能开单面 V 或 U 形坡口，使大量的焊接工作在容器以外进行，把容器内焊接工作量减到最小限度。

③ 焊接部位的选择应有利于减少焊接应力与变形，应尽可能地避开承受大应力或应力集中的位置。应避开加工表面，以防止破坏加工表面的精度和表面质量。

④ 对截面厚或刚度大的结构嫁接，焊件变形的自由度小，容易产生较大的焊接应力或应力集中，增加出现裂纹的倾向，影响结构的使用性能，降低金属材料的焊接性。

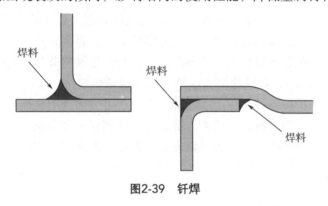

图2-39　钎焊

2.5　金属表面装饰

金属材料表面处理与装饰技术一般具有双重作用和功效。金属材料或制品的表面受到气、水分、日光、盐雾、霉菌和其他腐蚀性介质等的侵蚀作用，会引起金属材料或其制品失光、变色、粉化和开裂，从而遭到损坏。因而表面处理及装饰的功效，一方面是保护产品，即保护材质表面所具有的光泽、色彩和肌理等而呈现出的外观美，并延长产品的使用寿命，有效地利用材料资源；另一方面起到美化、装饰产品的作用，使产品高雅含蓄，表面有更丰富的色彩、光泽变化，更有节奏感和时代特征，从而有利于提高产品的商品价值和竞争力。

图 2-40 为通过各式方法处理而显示不同颜色、不同表面纹理的不锈钢外皮组成的马赛克屏风。

金属材料表面处理和装饰技术所涉及的技术问题和工艺问题等十分广泛，并与多种学科相关，作为产品造

图2-40　马赛克屏风

型设计师要了解这些表面处理与装饰技术的特点，能正确合理地选用。

2.5.1 金属材料的表面前处理

在对金属材料或制品进行表面处理之前，应有前处理或预处理工序，以使金属材料或制品的表面达到可以进行表面处理的状态。金属制品表面的前处理工艺和方法很多，其中主要包括有金属表面的机械处理、化学处理和电化学处理等。

机械处理是通过切削、研磨、喷砂等加工清理制品表面的锈蚀及氧化皮等，将表面加工成平滑或具有凹凸模样；化学处理的作用主要是清理制品表面的油污、锈蚀及氧化皮等；电化学处理则主要用以强化化学除油和侵蚀的过程，有时也可用于弱侵蚀时活化金属制品的表面状态。

2.5.2 金属材料的表面装饰技术

金属材料的表面装饰也称作金属材料的表面被覆处理。表面被覆处理层是一种皮膜。如镀层和涂层覆盖制品表面的处理过程，就是比较重要的表面装饰方法。

按照金属表面被覆装饰材料和方法不同，可分为镀层被覆装饰（电镀、化学镀、真空蒸发沉积镀和气相镀等），有以涂装为主的有机涂层被覆装饰，还有以陶瓷为主体的搪瓷和景泰蓝等被覆装饰；按照被覆层的透明程度不同，可分为透明表面被覆和不透明表面被覆等。无论制品表面采用何种装饰技术，都是为了达到保护和美化制品表面的目的，有时还可使制品表面产生特殊功能。金属材料表面装饰技术是保护和美化产品外观的手段，主要分为表面着色工艺和肌理工艺。

（1）金属表面着色工艺

金属表面着色工艺是采用化学、电解、物理、机械、热处理等方法，使金属表面形成各种色泽的膜层、镀层或涂层。

① 化学着色：在特定的溶液之中，通过金属表面与溶液发生化学反应，在金属表面生成带色的基体金属化合物膜层印方法。

② 电解着色：在特定的溶液中，通过电解处理方法，使金属表面发生反应而生成带色膜层。

③ 阳极氧化染色：在特定的溶液中，以化学或电解的方法对金属进行处理，生成能吸附染料的膜层，在染料作用下着色，或使金属与染料微粒共析形成复合带色镀层。染色的特征是使用各种天然或合成染料来着色，金属表面呈现染料印色彩。染色的色彩艳丽，色域宽广，但目前应用范围较窄，只限于铝、锌、镉、镍等几种金属。

④ 镀覆着色：采用电镀、化学镀、真空蒸发沉积镀和气相镀等方法，在金属表面沉积金属、金属氧化物或合金等，形成均匀膜层。

图 2-41 为由物理蒸镀处理的不锈钢制成的表带和表壳，镀层由金属等离子化合物的混合物在低真空条件下镀成。图 2-42 为镀覆一层锌/铝涂层的冷压钢制成的暖炉外壳，其中锌的成分可以使它耐刮擦。

⑤ 涂覆着色：采用浸涂、刷涂、喷涂等方法，在金属表面涂覆有机涂层。

⑥ 珐琅着色：在金属表面覆盖玻璃质材料，经高温烧制形成膜层。

⑦ 热处理着色：利用加热的方法，使金属表面形成带色氧化膜。

⑧ 传统着色技术：包括做假锈、汞齐镀、热浸镀锡、鎏金、鎏银以及亮斑等。

图2-41 由物理蒸镀处理的不锈钢制成的表带和表壳　　图2-42 镀覆一层锌/铝涂层的冷压钢
　　　　　　　　　　　　　　　　　　　　　　　　　　　　　制成的暖炉外壳

（2）金属表面肌理工艺

　　金属表面肌理工艺是通过锻打、打磨、刻画、腐蚀等工艺在金属表面制作出肌理
效果。

　　① 表面锻打：使用不同形状的锤头在金属表面进行锻打，从而形成不同形状的点状
肌理，层层叠叠，十分具有装饰性，如图 2-43 所示。

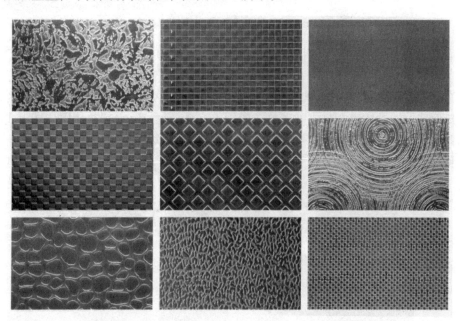

图2-43 钢质地砖由冲床模压出表面图案的不锈钢板制成

　　② 表面抛光：利用机械或手工以研磨材料将金属表面磨光的方法。表面抛光又有磨
光、镜面、丝光、喷砂等效果。根据表面效果的不同，使用的工具和方法也不尽相同。图
2-44～图 2-46 分别为表面经喷砂处理的不锈钢杂志架；经刷丝、抛光或喷砂处理的不锈

钢水龙头；不锈钢经激光切割、冲切、冷压、切边机成型的餐具，最后进行表面精整、锻光处理或抛光而成。

图2-44　不锈钢杂志架　　　　图2-45　不锈钢水龙头　　　　图2-46　不锈钢餐具

③ 表面镶嵌：在金属表面刻画出阴纹，嵌入金银丝或金银片等质地较软的金属材料，然后打磨平整，呈现纤巧华美的装饰效果。

④ 表面蚀刻：是使用化学酸进行腐蚀而得到的一种斑驳、沧桑的装饰效果。具体方法如下。首先在金属表面涂上一层沥青，接着将设计好的纹饰在沥青的表面刻画，将需腐蚀部分的金属露出。下面就可以进行腐蚀了，腐蚀可以视作品的大小，选择进入化学酸溶液内腐蚀和喷刷溶液腐蚀。一般来说，小型作品选择浸入式腐蚀。化学酸具有极强的腐蚀性，在进行腐蚀操作时一定要注意安全。

2.6　金属产品设计案例

下面以一些金属产品的实例说明金属材料在产品中的应用。

（1）铸铁制品

图 2-47 所展示的铸铁材质的水壶出自著名工业设计大师黑川雅之的设计，由传统手工艺制造而成。铸铁铁壶在日本有着悠久的历史，几乎每家每户都有使用，是日式茶道中重要的器皿。铸铁材料表面具有一种野性的美感，设计师在铁壶的设计中采用了简洁的造型，避免过剩设计，突出了它本身的材料之美。铁壶造型质朴、自然、古拙，与现代大量流行的工业化批量生产的产品形成了一个鲜明的对照，给人以返璞归真的亲切感受。

图2-47　黑川雅之设计的铸铁铁壶

图 2-48 所示水壶的特点是有 3 层壶底（钢 / 铜 / 钢）。钢制壶体经过了锻光处理或抛光处理，由数控机床（CNC）进行填塞压制，并由可编程逻辑控制器（PLC）控制加工。聚酰胺的把手和壶嘴是在热模具中浇筑成型的，以使其表面光滑平整。金属部分经气体保护钨极弧焊。

图 2-49 所示的燃气灶由皮阿诺设计工场设计，炉架由一整张钢板制成，光滑闪亮，美轮美奂，并具有很强的整体性，还经久耐用。

图2-48　不锈钢水壶

图2-49　由整张钢板制成的燃气灶

图 2-50 所示的手表，它的表带和表壳由不锈钢经铸模而成。这是于 20 世纪 70 年代在美国发展起来的技术，是将混有有机黏合剂的金属粉末注入模中。这种流程可以制成大量精密复杂的部件，并能够提供精美的表面处理，创造出了一种具有塑料特性的金属。

图 2-51 所示的面条椅子（Spaghetti Chair）运用镀铬油漆钢结构（镀铬并且漆成蓝、白、红、黄黑和银灰色），而座椅和椅背的材料是 PVC 小圆管，几乎与钢的色彩相同，它们每根被单独绑紧，组成椅座和椅背。

图2-50　由不锈钢（金属铸模）制成的
　　　　　表带与表壳的手表

图2-51　镀铬油漆钢结构的椅子

（2）铝制品

图 2-52 所示的台灯灯座由表面经阳极化处理的抛光铝制成。图 2-53 所示的由 Tobias Grau 设计的 Bill 桌灯具有一种矜持、清晰的优雅美感。内置的弹簧非常便于调节。灯具由铝及由铸造模印刷的锌制成，它可以当作桌灯、标准灯或挂在墙上的壁灯。

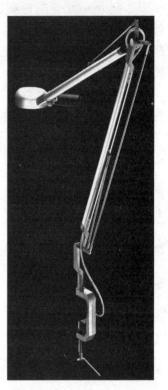

图2-52　抛光铝制台灯座　　　　　　　　　图2-53　铝及锌制作的灯具

图 2-54 所示的 GAS 椅由高压铸模的铝框架和人造网状的椅面组成。这个透明光滑的椅子适应不同使用者的体重和形状，并能保证坐椅者身体的呼吸。它外表简洁，但有很多版本。比如，半透明的黑色网面，半透明的白色、灰色、蓝色或黑色聚丙烯网面，还有从 Kvadrat 来的多种纤维的装饰网面。所有的螺丝和衬垫都是不锈钢的。椅子腿是结实耐久的模压铝。8 把椅子可以叠成一摞，可以加上扶手，也可以不加。

图2-54　高压铸模铝框的椅子

（3）铜制品

图 2-55 所示的是意大利 VCR Valli & Valli 设计公司的两款手柄 Wally 和 Otello。Wally 具有和鸡蛋一样的外形和手感，大小正好能一手握住，加上黄铜的颜色与光泽，有一种现代古典的奇妙感觉。Otello 微微带着柔和的波状造型，纤细如手指，铜色显得温暖体贴。它们的制造工艺是抛光处理或自然光泽或打磨处理。

图2-55　铜制手柄

（4）记忆金属制品

图 2-56 所示的是一件采用记忆金属（50% 的钛与其他合金制成的织物）制成的男式衬衫，该记忆金属是一种能使织物纤维相对温度变化也随之作出反应的物质。被卷成一团的时候，它会起皱。被突然放在热空气里的时候，比如电吹风，它能很快松弛下来。用水洗的时候，它就像钢铁做成的那么硬，它的褶皱和 3D 成分被藏在织物的记忆中。

图 2-57 所示的耳挂的金属丝部分采用了镍钛合金记忆金属（这种材质一般也常用在高端眼镜框上，轻便且定形后可以不怕变形），因此可以轻松弯曲为贴合耳朵的形状，而一旦稍稍加热又可自动恢复原状。

图2-56　采用记忆金属制成的衬衫

图2-57　采用记忆金属材料的EaseFit耳挂

图2-58　钛合金水壶

（5）钛合金制品

图 2-58 为钛合金水壶，其钛合金的密度只有钢的 70%，但材料强度与钢接近，抗性变、抗刮花都要优于铝合金。并且钛合金化学性质很稳定，不易生锈、耐酸碱，更适合承装茶、咖啡、果汁等饮品。

思考题

1. 选择一种金属材料（铝合金、钛合金、碳素钢等），研究其在产品设计中的应用，收集案例加以说明。

2. 选择一件金属材料制成的产品，收集产品图片等资料，分析该产品中金属部件的加工成型工艺、连接方式和表面处理工艺。

第 3 章

合成高分子材料

高分子材料可称为聚合物材料，按照其来源可划分为合成高分子材料和天然高分子材料两大类。天然高分子均由生物体自生成，而合成高分子则是指用结构和相对分子质量已知的单体为原料，经过一定的聚合反应得到的聚合物。如塑料、橡胶以及纤维等都是由合成高分子材料所构成，以这类材料设计的产品对满足人类社会各种需求做出了重要贡献。

3.1 塑料材料

3.1.1 塑料材料概述

（1）塑料的定义

塑料是以天然或者合成树脂为主要成分，适当加入填料、增塑剂、稳定剂、润滑剂、色料等添加剂，在一定温度、压力下塑制成型的高分子有机材料。

早在 19 世纪以前，人们就已经利用沥青、松香、琥珀、虫胶等天然树脂。1868 年人们开始将天然纤维素硝化，用樟脑作增塑剂制成了世界上第一个塑料品种，称为赛璐珞，从此开始了人类使用塑料的历史。1909 年出现了第一种用人工合成的塑料——酚醛塑料。1920 年又一种人工合成塑料——氨基塑料（苯胺甲醛塑料）诞生了。这两种塑料当时为推动电气工业和仪器制造工业的发展起了积极作用。到 20 世纪 20 ～ 30 年代，相继出现了聚氯乙烯、丙烯酸酯类、聚苯乙烯等塑料。从 40 年代至今，随着科学技术和工业的发展，石油资源的广泛开发利用，塑料工业获得迅速发展。品种上又出现了聚乙烯、聚丙烯、不饱和聚酯、氟塑料、环氧树脂、聚甲醛、聚碳酸酯、聚酰亚胺等。现在市场上出现的塑料主要有 30 余种，能够两种以上共混、共聚的新品种加在一起共有 70 余种。现代人类的生活环境被随处可见的塑料产品所包围，塑料的使用范围不仅限于日用品，已涉及建筑、车辆、医疗、娱乐、包装、流通以及其他所有的生活领域（图 3-1、图 3-2）。

图3-1　空气炸锅

图3-2　联想笔记本电脑

目前几乎都是以石油为基础原料来制造塑料的，随着石油资源的枯竭，以往认为"塑料是一种廉价的材料"而使用的方向，不得不逐步发生转变。一方面，塑料的广泛使用丰富了人们的物质生活，但是从另一方面看，也产生了垃圾公害的社会问题，在焚烧塑料垃圾时产生的高热量及气体，将会发生损坏焚烧炉的事故，垃圾量的迅速膨胀会造成回收能力无法适应的状态。加之最近节约资源的呼声也日益高涨，所以进一步有效地利用塑料材料的动向开始活跃起来了。同时，随着人们对塑料材料的认识不断深入，一些对自然环境与人类健康造成危害的塑料品被逐渐废弃，如 PVC 等，取而代之的是更加节能环保的新型塑料。

因此，需要具备充分的材料及其成型加工方面的专业知识，积累丰富的生产实践方面的经验，才能灵活自如地使用塑料材料，创造美好生活。

（2）塑料的分类与组成

塑料的种类非常多，因其组成结构不同，性质与用途也各不相同。一方面，从成型性观点上考虑，大致可分成热塑性塑料与热固性塑料两大类。另一方面，也可以从使用的观点考虑，可分成价格便宜且大量使用于日用杂货、包装、农业等方面的通用塑料，具有高强度及刚性并使用于结构材料与机构零件等方面的工程塑料，具有耐热性及自润性等特殊性能的特种塑料以及树脂与增强材料相结合而提高塑料机械强度的增强塑料四大类。具体分类方法、定义以及代表性材料见表3-1。

表3-1　塑料的分类

分类方法	定义	代表性材料
受热行为	热塑性塑料：在特定温度范围内能反复加热软化和冷却硬化的塑料	PE PVC PS
	热固性塑料：因受热或其他条件能固化成不溶性物料的塑料	PF UF EP
使用特点	通用塑料：一般指产量大、用途广、成型性好、价廉的塑料	PE PS PVC
	工程塑料：一般指能承受一定的外力作用，并有良好的机械性能和尺寸稳定性，在高、低温下仍能保持其优良性能，可以作为工程结构件的塑料	ABS PC PA
	特种塑料：一般指具有特种功能，应用于特殊要求的塑料	氟塑料、PI
	增强塑料：树脂与增强材料（如玻璃纤维）相结合而提高塑料机械强度的复合型材料	FRP FRTP

根据塑料的组成不同，可分为简单组分和复杂组分两类。简单组分塑料基本上由一种物质（树脂）组成，如聚四氟乙烯等。复杂组分塑料则由多种组分组成，除树脂外，还加入各种添加剂。属于此类的有酚醛塑料、环氧塑料等。塑料由树脂、增充剂、润滑剂、着色剂、固化剂、稳定剂、阻燃剂等组成，下面将对塑料的组成一一介绍。

① 合成树脂。合成树脂是人工合成的高分子化合物，是塑料的基本原料，并决定塑料的基本性能。

② 添加剂。添加剂的加入，可改善塑料的某些性能，以获得满足使用要求的塑料产品。

填料——提高塑料的机械性能、耐热性能和导电性能，同时降低成本，通常填料的加入量为 40% ~ 70%。主要是一些在塑料配方中相对呈惰性的粉状材料或纤维材料。

增塑剂——改进塑料的可塑性、柔软性，降低其刚性和脆性，并使塑料易于加工成型。

稳定剂——防止塑料在加工和使用过程中，因受热、氧气和光线作用而变质、分解，以延长塑料的使用寿命。稳定剂在塑料成型过程中应不分解，应耐水、耐油、耐化学腐蚀，易与树脂混溶。

润滑剂——提高塑料在加工成型中的流动性和脱模性，润滑剂还可以使塑料产品的表面光亮美观。

着色剂——使塑料具有一定的色彩，以满足使用要求。

固化剂——与树脂起化学作用，形成不溶的交联网状结构。为得到热固性塑料，则须加入固化剂。

其他添加剂——有的塑料产品使用中因摩擦产生静电，这种静电积蓄不但会影响产品的使用安全性，同时也易吸尘，影响外观，对此类塑料须加入抗静电剂。其他如发泡剂、阻燃剂、荧光剂等，则根据塑料产品的需要而添加。

3.1.2 塑料材料性能

（1）塑料的使用性能

工业设计中所选用的材料，应能自由地成型与加工，符合成型产品所要求的特性。可以说，人工合成的塑料在此领域是非常有效的材料，它的一般特性可列举如下。

① 质轻、比强度高。塑料质轻，一般塑料的密度都在 $0.9 \sim 2.3 g/cm^3$，只有钢铁的 $1/8 \sim 1/4$、铝的 $1/2$ 左右，而各种泡沫塑料的密度更低，约在 $0.01 \sim 0.5 g/cm^3$。有些增强塑料的比强度接近甚至超过钢材。例如合金钢材，其单位质量的拉伸强度为 160MPa，而用玻璃纤维增强的塑料可达到 $170 \sim 400$MPa。例如聚乙烯的密度为 $0.29 \sim 0.97 g/cm^3$，聚丙烯的密度为 $0.9 \sim 0.91 g/cm^3$，它们都比水轻，质轻对于减轻机械设备的重基是非常有利的。若按比强度来衡量材料性能好坏的话，塑料可算是现代工业中强度最高的工业造型材料之一。

② 优异的电绝缘性能。几乎所有的塑料都具有优异的电绝缘性能，这些性能可与陶瓷媲美。

③ 优良的化学稳定性能。一般塑料对酸碱等化学药品均有良好的耐腐蚀能力，特别是聚四氟乙烯的耐化学腐蚀性能比黄金还要好，甚至能耐"王水"等强腐蚀性电解质的腐蚀，被称为"塑料王"。

④ 减摩、耐磨性能好。大多数塑料具有优良的减摩、耐磨和自润滑特性。许多工程塑料制造的耐摩擦零件就是利用塑料的这些特性，在耐磨塑料中加入某些固体润滑剂和填料，可降低其摩擦系数或进一步提高其耐磨性能。

⑤ 透光及防护性能。多数塑料具有透明或半透明性质，富有光泽，可任意着色表现漂亮的色彩（图3-3）。其中聚苯乙烯和丙烯酸酯类塑料像玻璃一样透明。有机玻璃化学名称为聚甲基丙烯酸甲酯，可用作航空玻璃材料。聚氯乙烯、聚乙烯、聚丙烯等塑料薄膜具有良好的透光和保暖性能，大量用作农用薄膜。塑料具有多种防护性能，因此常用作防护包装用品，如塑料薄膜、箱、桶、

图3-3 采用有色塑料外壳的台式电脑

瓶等。

⑥减震、消音性能优良。某些塑料柔韧而富于弹性，当它受到外界频繁的机械冲击和振动时，内部产生黏性内耗，将机械能转变成热能，即使跌落也不易破裂。因此，工程上用作减震消音材料。例如，用工程塑料制作的轴承和齿轮可减小噪声，各种泡沫塑料更是广泛使用的优良减震消音材料。

⑦独特的造型工艺性。塑料可塑性大，能任意成型，产品的造型设计很大程度上不受形态和线形的制约，可以比较自由地表达设计师的构思，产品的造型时尽量做到整体化，使其简洁流畅。例如，现在生产出的许多小家用产品大多采用大弧度曲面，线形圆滑流畅。用工程塑料制作工业产品的机壳、外观件和内部固定组件的支架连成一体，一次注塑而成。另外，塑料便于切削、连接、表面处理等二次加工，加工成本低。

⑧良好的质感和光泽度。塑料硬而有舒适感，具有适当的弹性和柔度，给人以柔和、亲切、安全的触觉质感，工程塑料表面美观、光滑纯净可以注塑出各种形式的纹理，容易整体着色，色彩艳丽，外观保持性好，还可以模拟出其他材料的天然质地美，达到以假乱真的各种不同材质的外观效果，它大量地用作外观装饰材料。比如可获得金属的光泽表面和不同纹理的柔和外观表面，模仿天然大理石而制成人造大理石，在塑料中加入珠光粉能像珍珠般发亮。在工程中通过加入其他成分的原料可以得到各种质感效果，如：有机玻璃本身无色透明，表面光洁，有如水晶般质感；如果甲基丙烯酸甲酯液体中加入染料，就能制成鲜艳夺目的各种彩色的有机玻璃，给人以富丽堂皇、高雅的质感效果；如在甲基丙烯酸液体中加入珠光粉和颜料就能聚合成珠光塑料，其特点是具有鲜艳的颜色和珍珠般的闪光（图3-4）。

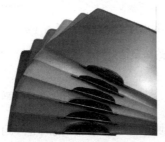 

(a) 彩色文件夹　　(b) 吸尘器

图3-4　塑料产品的可塑性特点

上述塑料的优良性能，使它在工农业生产和人们的日常生活中具有广泛用途；它已从过去作为金属、玻璃、陶瓷、木材和纤维等材料的代用品，而一跃成为现代生活和尖端工业不可缺少的材料。

然而，塑料也有不足之处。例如，耐热性比金属等材料差，一般塑料仅能在100℃以下温度使用，少数200℃左右使用；塑料的热膨胀系数要比金属大3～10倍，容易受温度变化而影响尺寸的稳定性；在载荷作用下，塑料会缓慢地产生黏性流动或变形，即蠕变现象；有些塑料易燃，分解后会产生有毒气体；有些塑料易溶于溶剂，易吸收水分的塑料易发生尺寸变化；有些塑料在太阳光的紫外线作用下易发生劣化。此外，塑料在大气、阳光、长期的压力或某些介质作用下会发生老化，使性能变坏等。塑料的这些缺点或多或少地影响或限制了它的应用。但是，随着塑料工业的发展和塑料材料研究工作的深入，这些缺点正被逐渐克服，性能优异的新型塑料和各种塑料复合材料正不断涌现。

（2）热固性塑料

热固性塑料是指在一定温度（和压力或加入固化剂）的条件下，经过一段时间后变为坚硬制品，硬化后的塑料不溶于任何溶剂，再加热也不软化（如果温度过高就会发生分解），所以热固性塑料不能回收再利用。热固性塑料的优点是耐热性好，抗蠕变性强，缺点是硬而脆，力学性能不高。常见的热固性塑料有酚醛塑料（PF）、环氧塑料（EP）、氨基塑料、不饱和聚酯（UP）等。

（3）热塑性塑料

热塑性塑料在加热到一定温度后软化，而且有一定的可塑性，冷却后变硬，可反复加热冷却，其性能不发生变化，放入磨具能做成各种复杂模型，故热塑性塑料可进行再塑化再加工。大多数热塑性塑料可以染色；多种混合在一起会呈现更多的物料、视觉和触觉效应。常见的热塑性塑料有聚乙烯（PE）、聚氯乙烯（PVC）、聚苯乙烯（PS）、聚丙烯（PP）、ABS、聚酰胺（PA）、聚甲醛（POM）、聚碳酸酯（PC）等。这类塑料的优点在于易加工成型，力学性能良好，可以重复回收利用；缺点在于耐热性和刚性较差。热塑性塑料产品在日常生活中应用广泛（图3-5）。

(a) ABS塑料餐吧椅　　　　(b) pp食品级塑料奶瓶　　　　(c) PVC材料的防护面罩

图3-5　常见的热塑性材料产品

3.1.3 塑料材料成型

随着塑料产品需求量的增加与使用领域的不断扩大，同时也为了满足塑料产品的外观、形状、性能等各种使用目的的要求，开发了众多的塑料成型加工技术来适应生产各种不同塑料产品的需要。

塑料成型加工是一门工程技术，所涉及的内容是使塑料成为具有实用价值的重要环节。目前塑料成型加工方法已达三四十种之多，其中主要的是注射、挤出、吹塑和压制四种方法。尤其是注射和挤出，约占成型加工总数的60%以上。选择成型方法的重要依据是，产品的外观、形状、尺寸精度、成本、生产批量等要求，除此之外还需考虑交货期限、使用材料、预算经费、模具制作所需时间等因素，只有综合考虑这些问题之后，才能确定成型方法。

塑料成型的方法因材料及成品不同而有极大的差异。根据其成型特点可分为液态成型、塑性成型和固态成型，以下分别做出介绍。

（1）液态成型

① 注射成型（Injection molding）又称注射模塑或注塑成型，是热塑性塑料的主要成型方法之一，也适用于部分热固性塑料的成型。人们身边日常接触的桶、盆、椅子、电子

产品外壳等塑料产品，都是采用注射成型的方法生产的，如图 3-6 为一次性注射成型的塑料制品。这种成型方法是使热塑性或热固性塑料先在加热料桶中均匀塑化，而后由柱塞或移动螺杆推挤到闭合磨具的模腔中成型的一种方法，因此称之为注塑成型。

图3-6 注射成型的塑料保鲜盒

图 3-7 为注射成型机及其工作原理说明。首先将豆粒大小的固体颗粒状的原料投入料斗，这些原料在旋转的螺杆作用下向前段挤出，在向前挤出的同时，由螺筒上的加热装置加热原料使其熔融。通过将螺杆的旋转运动使原料沿轴向前进运动，把成为流动状态的塑料注入模具。同时因通入模具内的冷却水的作用，使注入模具内的塑料冷却固化，然后开启模具取出产品。

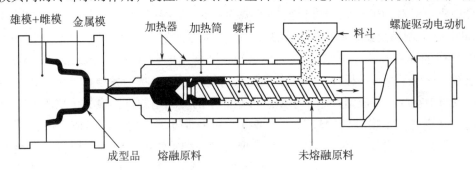

图3-7 注射成型机及其工作原理说明

注射成型的优点在于其全过程可以实现全自动化控制，这种成型方法是所有成型方法中生产效率最高的。比如水杯成型只需 1~2 秒，水桶成型只需 20 秒，即使溶槽这样的大型产品成型也只需 3~4 分钟。因此注射成型适于大批量生产，而且产品尺寸精度高、质量稳定。形状简单的、复杂的产品，重量为 0.1g 左右的钟表零件到重量超过 20kg 的大型溶槽，都可采用注塑成型方法。除此之外，该成型方法还具有原材料损耗小、操作方便、成型的同时产品可取得着色鲜艳的外表等长处。

注射成型的不足之处是：用于注塑成型的模具价格是所有成型方法中最高的，所以小批量生产时，经济性差。一般注塑成型的最低生产批量为 5 万个左右。另外注塑成型虽能生产其他方法所无法生产的形状复杂的产品，但制造这些产品的模具往往难以制造。

热塑性树脂、热固性树脂都可用于注塑成型，但绝大多数场合是使用热塑料树脂进行注塑成型，使用量最多的是聚乙烯、聚丙烯、聚氯乙烯、聚苯乙烯及 ABS 等热塑性塑料。可以说注塑成型是对产品设计影响最大的加工成型工艺，注塑技术的发展给设计师提供自由的设计空间。注塑产品涉及人们日常消费产品、商务产品、通信产品、医用产品、体育设备等，几乎覆盖了整个产品设计领域。

② 挤出成型（Extrusion molding）又称挤压模塑或挤塑成型，它是在挤出机中通过加热、加压而使物料以流动状态连续挤出模成型的方法（图 3-8）。挤出法主要用于热塑性塑料的成型，也可用于某些热固性塑料的成型。

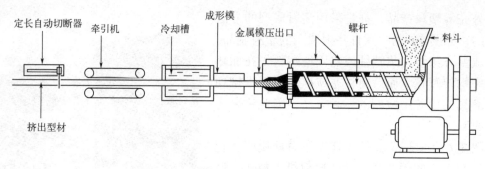

图3-8　挤出成型

挤出成型的特点是能生产同一截面的长条产品。挤出成型的过程是利用旋转的螺杆，将被加热熔融的热塑性塑料，从具有所需截面形状的机头挤出，然后由定型器定型，通过冷却器使其冷硬固化，成为所需截面的产品。

挤出模口的截面形状决定了挤出制品的截面形状。但是挤出后的制品由于冷却、受力等各种因素，其截面的形状与模口挤出的截面形状并不完全相同。以加工正方形型材为例，如图3-9。制品是正方形型材［图3-9（a）］，口模的孔肯定不是正方形［图3-9（b）］；如果将口模的孔设计成正方形［图3-9（d）］，则挤出的制品则是方鼓形［图3-9（c）］。挤出成型广泛用于薄膜、板材、软管及其他具有复杂断面形状的异型材的生产，这种成型方法可以与中空或注塑成型并用。小型、形状简单的产品用的挤出模具价格不高，但形状复杂的产品用的挤出模具费用较高，成型也有一定难度。可用于挤出成型的树脂，除用量最大的聚氯乙烯之外，还有ABS树脂、聚乙烯、聚碳酸酯、丙烯酸树脂、发泡聚苯乙烯等。也可将树脂与金属、木材或不同的树脂进行复合挤出成型。挤出的产品都是连续的型材，如管、棒、丝、板、薄膜、电线电缆包覆层等。此外，还可用于塑料的混合、着色、掺合等。挤出产品的绝大多数是管材及用于建筑的材料。除此之外挤出成型也可用于生产日用产品、车辆零件。建筑材料方面的挤出产品有栅栏用材、雨搭、瓦楞板等室外用品，也有窗框、门板、窗帘盒等室内用品。日用品方面的挤出产品有浴室挂帘、浴盆盖等。

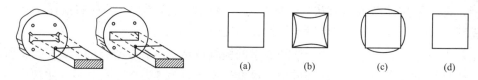

图3-9　正方形挤出模具横截面示意图

③ 吹塑成型是将从挤出机挤出的熔融的热塑性树脂坯料，夹入模具，然后向坯料内吹入空气，熔融的坯料在空气压力的作用下膨胀并向模具型腔壁面贴合，最后冷却固化成为所需形状产品的方法。这种成型方法主要用来生产瓶状的中空薄壁产品（图3-10）。

由于吹塑成型能够生产薄壁的中空产品，所以产品的材料成本较低，能大量用于调味品、洗涤剂等包装用品的生产。虽然能用这种成型方法的产品形状受到一定的限制，但是采取一定的辅助措施后也可以生产把手与桶体整体成型的煤油桶及具有"合页"结构的双重壁面结构的箱体等复杂形状的中空产品。

用于吹塑成型的树脂中，聚乙烯占的量最大，除此之外还有聚氯乙烯、聚碳酸酯、聚丙烯、尼龙等材料。吹塑成型所生产的产品，除包装领域所用的产品之外，还可生产水桶、喷壶、玩具、垃圾桶、罐等产品。质量最大的产品可达 1 吨左右，如农药罐等。

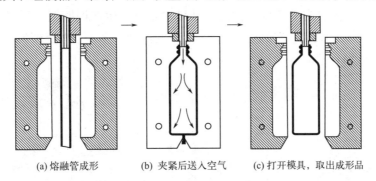

(a) 熔融管成形   (b) 夹紧后送入空气   (c) 打开模具，取出成形品

图3-10　吹塑成型的过程

④ 浇铸成型，是将加有固化剂和其他助剂的液态树脂混合物料倒入成型模具中，在常温或加热条件下使其逐渐固化而成为具有一定形状的产品的一种成型方法（图 3-11）。浇铸成型工艺简单，成本低，可以生产大型产品，适用于流动性大而又有收缩性的塑料，如有机玻璃、尼龙、聚氨酯等热塑性塑料和酚醛树脂、环氧树脂等热固性塑料。

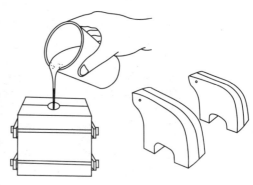

图3-11　浇铸成型法

⑤搪塑成型。搪塑成型法可以用于制作人体模型或吉祥物等柔软的中空产品。用于搪塑成型的塑料原料是聚氯乙烯溶胶。搪塑成型的过程如图 3-12 所示：a. 向模具内注入溶胶；b. 将模具放入油炉内加热一定时间；c. 估计与模具接触的部分材料胶体化达到一定厚度时，将模具内尚未胶体化的溶胶倒出；d. 将模具再次加热达到完全胶体化；e. 冷却固化；f. 从模具中取出产品进行修正并进行开孔、部分着色等二次加工成为成品。这种方法生产周期长，可采用的原材料有限，只适用于中小批量生产，若生产批量较大时，需制作多套相同的模具来满足生产需要。

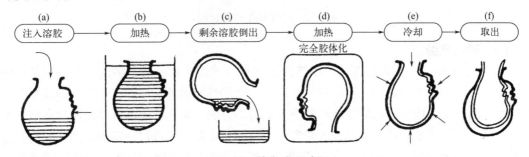

(a)	(b)	(c)	(d)	(e)	(f)
注入溶胶	加热	剩余溶胶倒出	加热 完全胶体化	冷却	取出

图3-12　搪塑成型过程

⑥ 流延成型是生产薄膜的方法之一。将流动性好的塑料材料均匀地流布在运行的载体（如金属滚筒或传送带）上，随即用适当方法将其固化、干燥，然后从载体上剥取薄膜。此成型法模具成本低，产品表面光洁，适合小批量产品的生产。

⑦ 传递模塑成型是热固性塑料的成型方法之一，通常是将热固性塑料原料在加料腔中加热熔化，然后加压注入成型模腔中使其固化成型（图3-13）。传递模塑成型与模压成型相似，但又具有注射成型的特点，如产品尺寸精确，生产周期短，所用模具结构复杂（设有浇口和流道），适合生产形状复杂和带锻件的产品。多用于酚醛塑料、氨基塑料、环氧塑料等热固性塑料成型。

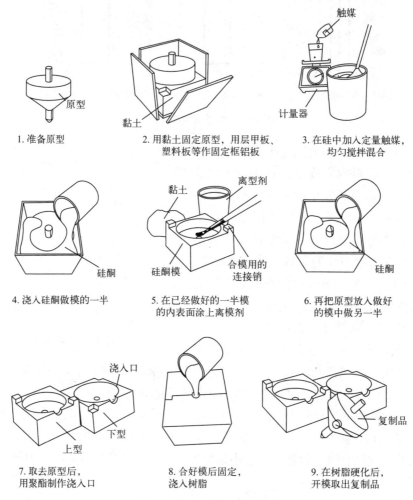

1. 准备原型

2. 用黏土固定原型，用层甲板、塑料板等作固定框铝板

3. 在硅中加入定量触媒，均匀搅拌混合

4. 浇入硅酮做模的一半

5. 在已经做好的一半模的内表面涂上离模剂

6. 再把原型放入做好的模中做另一半

7. 取去原型后，用聚酯制作浇入口

8. 合好模后固定，浇入树脂

9. 在树脂硬化后，开模取出复制品

图3-13 传递模塑成型过程

（2）塑性成型

① 发泡成型。在我们日常生活中遇到的水杯、冰激凌盒、运鱼的周转箱、包装箱中的白色的缓冲材料、家具用的夹心材料及建筑用的隔热材料等产品，都是用发泡成型方法生产的产品。对于用聚苯乙烯发泡颗粒发泡成型的方法，因为发泡能源是使用水蒸气，所以也可称为蒸气成型。这种成型方法是先将塑料颗粒预发泡，经过一定的时间熟成后，把它填入铝合金做的模具中用蒸气加热而成型。经过预发泡的颗粒在 100～110℃ 的蒸气作用下，颗粒中的空气发生膨胀的同时，使发泡颗粒的表面溶解，颗粒间相互熔接。图 3-14 为发泡成型过程示意图。

在熔接时产品表面会留下熔接痕，这是发泡成型的一个缺陷。这种成型方法可以成型最小厚度为 1.5mm，最大厚度为 450mm 的发泡产品。发泡倍宰可以在几倍到 70 倍左右的范围内选择。发挥发泡成型产品的特长，可以制作许多符合隔热、缓冲、漂浮等要求的产品以及材料。常见的发泡材有 PE、PP、PS、PVC、CPE、ABS 及 PC 等。

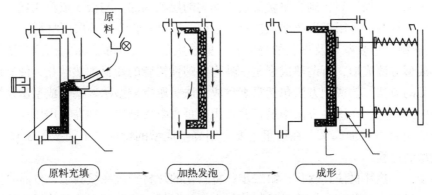

图3-14 发泡成型过程

② 滚塑成型。滚塑成型可以用于制作时装模特的模型、家具、农药罐、工业用转运器具等产品。与其他成型方法相比，滚塑成型所能生产的产品品种较少。

滚塑成型的成型过程是：将聚乙烯等粉状塑料，适量地密封在用薄钢板制造的模具中，一边使模具绕双轴旋转，一边从模具外对树脂进行再加热，通过加热使模具内的粉状塑料逐渐熔融形成一定的厚度，然后进行冷却固化成为所需的产品。可用于滚塑成型的原料，除粉粒塑料之外，也可使用聚氯乙溶胶或填充纤维的聚酯。

滚塑成型的特点是可用较小的设备投资生产大型的中空产品。但是这种成型方法生产效率低，只适于少量生产并且无法生产形状复杂的产品。

（3）固态成型

① 压制成型。压制成型主要用于热固性塑料制品的生产，根据物料的性状和成型加工工艺的特性，压制成型又可分为模压成型和层压成型。

a. 模压成型又称压缩模塑（Compression molding），可以生产儿童餐具、厨房用具等日用品及开关、插座等电气零件。由于这种成型方法是将体积较大的松散的原料压制而成型，可用于压制成型的树脂主要的有密胺树脂、尿素树脂、环氧树脂、苯酚树脂及不饱和聚酯等热固性塑料。

压制成型的过程是：一是将经过计量的成型材料投入经加热的凹模内；二是依靠液压装置凸、凹模闭合并加压，三是成型材料经加热、加压后呈流动状态充满型腔，然后在继续加热达到一定的温度后产生化学反应而固化；四是从模具中取出固化的产品，对其进行整修取得所需的成品。使用聚酯、环氧树脂等液状材料成型时，先将玻璃纤维等填充材料装入模具，然后在填充材料上浇上液状树脂再进行加热、加压成型，也可使用预先将玻璃纤维等填充材料与树脂搅拌过的材料来进行压缩成型。压制成型过程如图 3-15 所示。

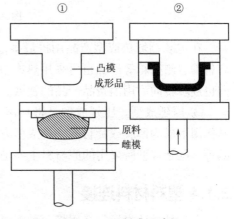

图3-15 压制成型过程

压制成型方法除可生产以上所介绍的产品之外，还可生产安全帽、椅子、汽车零件、浴盆、家电产品外壳、零件、齿轮及家具。

b. 层压成型（Laminating process）是将成叠的附胶材料（浸有或涂有树脂的底片）以及塑料片经加热、加压后，制成坚实又近于均匀的层状制品。与模压成型相比，层压成型工艺生产效率较高，多用于生产增强塑料、管材、棒材和胶合板等层压材料。

② 热成型。包装草莓及鸡蛋的透明盒，盛放生鱼片及冷冻食品的托盘等物品，一般是采用热成型方法成形，所谓热成型是一种将热塑性树脂的片材加热软化，使其成为所需形状的产品的方法，热成型方法包括吸真空成型法、压空成型法、塞头成型法及冲压成型法等不同的成型法。在这些方法中最普遍采用的是真空成型法，现在采用压空与真空并用的成型方法也日益增加起来。在这里主要介绍真空成型的特征，下面按图 3-16 所示来了解真空成型的过程。

第一步：加热片材使其软化；第二步：将软化的片材安放在模具上，依靠真空吸引力使软化的片材与模具贴实，排除模具与片材之间的空气，然后进行冷却使成型物固化；第三步：利用压缩空气将硬化后的成型物从模具中脱出，第四步：将非产品的部分切除，取得所需形状的产品。

热成型方法的特点是既适用于大批量生产，也适用于少量生产。大批量生产时使用铝合金制造的模具，少量生产时使用石膏或树脂制造的模具，或采用电铸成型的模具。热成型方法能生产从小到大的薄壁产品，设备费用、生产成本比其他成型方法低。但是这种成型方法不适宜成型形状复杂的产品以及尺寸精度要求高的产品，还有因这种成型方法是拉伸片材而成型，所以产品的壁厚难以控制。可用于热成型的材料有聚氯乙烯、聚苯乙烯、聚碳酸酯、发泡聚苯乙烯等片材。

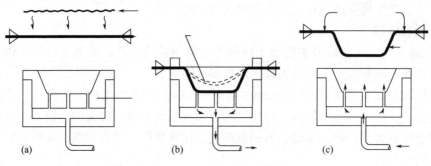

图3-16　真空成型过程

在包装领域热成型产品用得最多，除包装领域外，冰箱内胆、机器外壳、照明灯罩、广告牌、旅行箱等产品也可采用热成型方法生产。以往主要用于包装产品的热成型方法目前也逐步转向耐用消费品产品的领域。

③ 压延成型。压延成型是将热塑性塑料通过一系列加热的压辊，而使其在挤压和展延作用下成为薄膜或片材的一种成型方法。压延产品有薄膜、片材、人造革和其他涂层产品等。压延成型所采用的原材料主要是聚氯乙烯、纤维素、改性聚苯乙烯等。

3.1.4 塑料材料连接

在产品设计中经常采用将两种塑料部位或塑料零件与金属零件连接的方式。尤其对于内装于机械的塑料产品，这种连接相当多。连接方式大体上可以分成机械连接、粘接连接、熔合连接三种方式。图 3-17 介绍了这些连接的主要方法。

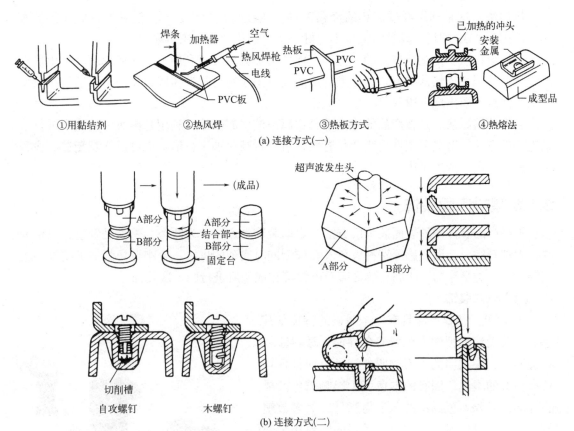

①用黏结剂　　②热风焊　　③热板方式　　④热熔法

(a) 连接方式(一)

自攻螺钉　　木螺钉　　切削槽

(b) 连接方式(二)

图3-17　塑料的连接

在设计连接部时应注意的是，产品有无开合要求，若有这种要求则需综合考虑开合的频度、连接部的强度、外观、加工质量、是否需装配、所用树脂的适应性、连接加工的成本等因素后再确定连接部的设计方案。

（1）机械连接

螺钉连接。机械性连接中最普遍的方法。使用的螺丝钉有木螺丝钉和自攻螺丝钉等。螺钉的螺旋体有各种各样的形状。这种方法不可用于容易开裂的塑料，如聚苯乙烯那样的树脂。

利用弹性连接。塑料之间机械性连接好多是利用塑料的弹性来实现的，但没有规定好的方式，而是根据应用的要求来进行设计。结构方式也有好几种，固定式、半固定式、可拆卸式等。

（2）粘接连接

塑料胶接。多数塑料是可以用粘接剂粘接的，但聚乙烯、聚丙烯、尼龙、聚缩醛等不能用粘接剂粘接。在产品设计中必须注意不要让连接部的粘接剂弄脏产品的外观。

（3）熔合连接

热风焊。这种方法与金属的焊接相同，是使用热内喷枪把需要连接的塑料板与相同材料的焊条同时加热熔融，再把它们连接起来。这样的连接其表面相当粗糙。

热板连接。把具有同一截面的塑料成形品或板抵住热板使它们相对连接起来，这种方式因为容易产生飞边，所以有必要进行后续加工。在批量加工时可以进行机械连接。

热熔法。这是利用经过加热的金属工具按压在塑料的凸起部，使其熔融而连接的方法，适用于 ABS 塑料。其黏结强度不太好，也可以用超声波来熔融。

旋转熔接法。是把要连接的一方固定而使另一方旋转，利用二者连接部因摩擦生热而熔化从而只限于连接部的形状为原型的产品而且限于热可塑性树脂产品，但不适用于大型产品。注意不要出现飞边现象。

超声波熔融法。是在产品的连接部分用超声波引起摩擦，利用摩擦所生的热来进行熔融连接的方法。对热可塑性树脂产品有效，可进行高速加工，形状也可以任意塑造。注意不要在产品表面产生飞边。

3.1.5 塑料表面装饰

塑料产品有许多种表面装饰的方法。表面装饰大致可分为两类，一类是着色，包括木纹、大理石纹、金属质感等特种着色及在成型同时实现的皮纹、金刚石切削加工纹等一次装饰。另一类是涂饰、印刷、热烫印及电镀等在成型后进行的二次装饰。

（1）一次装饰

① 着色。塑料产品具有一个明显的特长是其他材料所无法比拟的多色彩着色性能。塑料原料有透明的、半透明的、不透明的三种，而且各自具有固有的本色，固有的本色多少影响着色效果的好坏，但除本色深浓的苯酚树脂外，大多数塑料还是能着成所希望的颜色。透明的塑料比半透明、不透明的塑料着色性能好，着色范围广（图 3-18）。当然，这种成型同时实现的着色，除提高塑料产品的外观外，还具有如下几种效果。

图3-18　经过着色的塑料玩具

a. 不会如涂饰那样会发生表面颜色剥离。

b. 具有遮断紫外线的效果，可防止材料劣化。

c. 着成黑色的产品具有防止静电的效果。

d. 可以利用颜色产生温度差（太阳光下）等。

但是也有在太阳光下褪色较快，白色易变成黄色的缺点，有时也存在着色材料不同而引起材料收缩变形等状况。使用高价着色材料因而比涂饰成本高这一情况也应注意。

② 特种着色。

a. 木纹。如照明器材的框架、扬声器的格栅及家具、桌上用品等各种需木纹装饰的产品，可以采用将发泡聚苯乙烯或 ABS 树脂着成木材颜色，通过注塑发泡成型得到木纹。用这种工艺生产的产品有与真木材产品几乎一样的观感。挤出成型取得木纹是利用这样一种工艺，即将高浓度的着色母料断断续续地加入整洁颜色的树脂颗粒中，在挤出产品时产生木纹的效果。但这种效果会因产品的形状不同而有差异。

b. 荧光着色。幼儿的玩具、儿童的文具及二次加工用的丙烯树脂板材经常采用荧光着色。荧光着色的色泽限于红、橙黄、黄、黄绿，与其他颜色混合会损害光吸收性，所以不能混用。宜用荧光着色的树脂为丙烯树脂或聚苯乙烯这种透明树脂。当然 ABS 树脂也可进行荧光着色，但效果不如前者。荧光着色材价格不高，但耐热性、耐气候性差。

c.磷光着色。吊顶灯开关绳端部的系物、壁灯的开关、手电筒等产品常采用磷光着色，磷光着色材采用可以贮存光能的在黑暗处也能看见的无机颜料。淡黄色、绿色、蓝色的磷光效果好，磷光着色材不能与其他着色材混用，否则会影响光吸收能力。

d.珍珠着色。化妆品的容器、梳子、纽扣及浴室用具常进行珍珠着色。珍珠色是在透明的塑料中混入适量的珍珠颜料而得到的。对于半透明的、不透明的塑料无法取得良好的珍珠色效果。也有采用混合树脂来取得珍珠色的方法，如在折射率高的聚碳酸酯树脂中混入丙烯树脂或 ABS 树脂则可取得优越色彩效果。

e.金属化着色。对于需要有金属质感的，如汽车零件、工具箱、兵器等塑料产品，需进行金属化着色。金属着色剂采用铝粉或铜粉做成，把金属粉末掺入透明的树脂中，则能取得具有反射性的金属化效果。金属粉末与透明着色剂配合使用，能产生新的效果，如铝粉与黄色着色剂配合用，产品能产生金属的光泽，与蓝色着色剂配合用能产生钢的光泽质感。对于挤出成型产品，可以在挤出时与铝箔复合挤出，或在产品表面压接不锈钢薄板以取得金属的色泽。

（2）二次装饰

① 热烫印。电视机外壳上的银色标志，化妆品瓶盖上的商标名、透明丙烯树脂上的金色的厂名及商标等，都是采用热烫印的方法取得的。热烫印的方法是利用压力与热量熔融在压膜上涂覆的黏结剂，同时将蒸镀在压膜上的金属膜转印到产品上。对于塑料产品部分部位需着金属色时，这种方法比电镀、真空镀膜、阴极真空喷涂操作简便、成本低。

② 贴膜法。婴儿浴盆、圆珠笔等产品上印有的漂亮的花卉或动物图案大多是采用贴膜法取得的。贴膜法是与成型同时进行的二次装饰方法之一。简单地说，这种方法是将预先印有图案的塑料膜，紧贴在模具上，在成型产品的同时依靠树脂的热量将塑料膜熔合在产品上。压缩成型、吹塑成型、注塑成型都可采用这种方法，在注塑产品上用得较广泛。

③ 镀覆。与金属产品一样，在塑料产品上也可以进行镀覆。镀覆的方法主要有真空镀与化学湿法镀两种。真空镀中有真空蒸镀法、阴极真空喷镀法、离子镀等各种方法。

a.化学湿法镀。ABS 树脂的产品，最适宜化学湿法镀。化学湿法镀是利用化学反应法，在产品上沉积铜或镍的金属膜，然后进行电镀铜或电镀镍的方法。为了提高沉积金属膜时的密着性，须事先将需镀表面粗化。进行化学湿法镀的产品壁厚宜在 2.2mm 以上，这种方法在镀覆中用得最广泛，而且镀层的稳定性好，除了能提高产品的装饰效果外，还可提高耐热温度、耐气候性、耐磨性，增强抗弯强度及拉伸强度。

b.真空镀。真空镀是在真空中进行的物理性干式镀法，有三种方式，在此介绍普及的真空蒸镀法。真空蒸镀法是将塑料产品放置在高度真空的真空室内，在真空室内加热蒸发金属或金属化合物使蒸发的原子或分子附着在产品上，在产品表面形成一层很薄的金属膜。除聚乙烯、聚丙烯产品不适宜采用真空蒸镀法外，其余塑料产品都可采用，尤其对湿式镀难以镀覆的聚碳酸酯更为有效。这种方法镀覆的镀层相当薄，所以不能像化学湿式镀那样能改变产品的物性。采用真空蒸镀的大多是薄膜、弱电产品、家用小杂物及玩具等产品。

④ 涂饰与印刷。涂饰、印刷同样可以用于塑料产品的装饰。在涂饰中有掩模喷涂（局部进行涂饰）、滚涂（在雕刻的图案或文字上用附有涂料的滚轮进行部分着色）、帘式

图3-19 采用涂覆工艺的塑料产品

喷涂（全面喷涂）、浸渍法（把产品放入涂料罐中着色）、静电喷涂（全面喷涂）、擦涂（在产品的浅凹部位倒入带色涂料，然后擦除凹部外围的涂料，这种方法用于做木纹）等方法，如图 3-19。

除了上述方法外，还有在 FRP 产品上进行的表面涂凝胶漆的方法，在产品表面进行植尼龙或粘胶丝短纤维的静电植绒技术。在印刷方法上有丝网印、胶版印、转移印（通过加热、加压使涂料层从薄膜上分离转移到产品上）等方法。

3.1.6 塑料产品制备技术的处理原则

虽然塑料的产品设计非常复杂，但总有一些基本的原理方法能减少成型上及产品功能上所发生的问题。以下所探讨的是在设计上所须注意的基本细节，以便能在更复杂的产品设计上有所帮助。

（1）壁厚

产品的壁厚设计是比较困难的工作，虽然可凭借经验与必要的计算，大致上予以确定，但是最终往往是根据试模产品的强度检测来决定的。在进行产品的壁厚设计时，若现有资料不足，可到市场上选购与要进行设计的产品相类似的商品，通过对所购商品的分析、试验，确定近似的尺寸。确定产品的壁厚时，不仅要考虑强度，还要充分考虑刚性、产品重量、尺寸稳定性、绝缘、隔热、产品的大小、推出方式、装配所需强度、成型方法、成型材料、产品成本等有关因素。图 3-20（a）为壁厚决定的示意图。

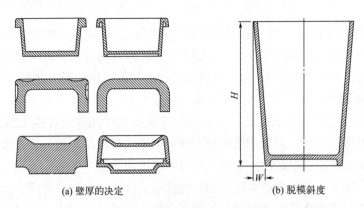

(a) 壁厚的决定　　(b) 脱模斜度

图3-20 产品壁厚的决定及脱模斜度

（2）脱模斜度

由于产品的成型是通过模具实现的，所以在工业设计时首先要考虑产品能容易脱模，为此，在设计产品时必须要有脱模斜度。脱模斜度是指对应产品的高度，应取多大比例的斜度，这个斜度一般取 1/60 ～ 1/30。虽然成型方法多种多样，但所需的脱模斜度基本相同，相差无几。如产品的高度为 60mm 时，脱模斜度为 1/60 ～ 1/30，那么上下边的壁厚差值 W 为 60mm × 1/60 ～ 1/30=（1 ～ 2）mm ［图 3-20（b）］。图 3-21 为带斜度的垃圾桶。

脱模斜度必须在图纸上明确标出，若因产品外观上的要求，不准有脱模斜度时，应在模具结构上采用瓣合模结构，这样虽然模具价格高一些，但能达到产品的要求（图3-22）。

图3-21 垃圾桶

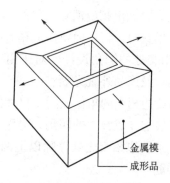

金属模
成形品

图3-22 分开模式

（3）圆角的布置

一般圆角的布置是指在产品的棱边、棱角、加强筋、支撑座、底面、平面等处所设计的圆角。我们都知道四角的布置，对于塑料产品有相当重要的效果，正确的圆角尺寸选择是设计产品的一项重要内容。

① 圆角与成型性。在产品的拐角部位设计圆角，可提高产品的成型性。尤其对于原材料在模具内流动、填充成型的注塑成型及压缩成型效果更加明显（图3-23）。

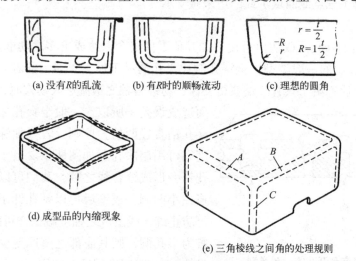

(a) 没有R的乱流   (b) 有R时的顺畅流动   (c) 理想的圆角

$$r = \frac{t}{2}$$
$$R = 1\frac{t}{2}$$

(d) 成型品的内缩现象

(e) 三角棱线之间角的处理规则

图3-23 圆角的设计

圆角有利于树脂的流动、防止乱流，可减少成型时的压力损失。一般说圆角越大越好，图3-23（c）所示的是最小圆角的限度。对于真空成型及吹气成型的产品，设计较大的圆角，可以防止产品拐角部位的薄壁化，并且有利于提高成型效率及产品的强度。

② 圆角与强度。众所周知，鸡蛋的壳体可承受较大的压力，这是由于鸡蛋的壳体是由曲面构成，可以分散应力的缘故。同样，在塑料产品的各个部位，设计各种尺寸的圆角也可以增强产品的强度。尤其是在产品内侧棱边处若做成圆角过渡，则可提高3倍左右的耐抗冲击力。塑料容器的底面设计成圆弧面后可明显地缓和冲击力。

③ 圆角与防止产品变形。在产品的内、外侧拐角处设计圆角，可以缓和产品的内部应力，防止产品向内外弯曲变形，但也无法完全防止由平面组成的箱形产品，尤其是聚乙烯或聚丙烯成型的箱形产品的变形。因此有必要在设计模具时，估测塑料产品的变形状况，在加工模具时做出相应消除变形的形状。对于大型的平面产品，为了要取得平整的表面，可在加工模具时，将平面状作成稍有凸起的球面。

④ 三边相交处的圆角设计。对于由三条棱边相交处的圆角设计，应遵循下列原则，以便于模具制造及产品外观光顺。

a. 每三条棱边相交的角作成同一尺寸的圆角，即作成球体。

b. 对一条棱边作成较大的四角，另两条棱边作成同一尺寸的较小的圆角。

c. 对于三条棱边相交之处，除以上两种圆角设计外，其余的组合均不利于模具制造。

（4）加强筋

加强筋能够有效地增加产品的刚性与强度。适当的利用加强筋不仅能够节省材料减轻重量及减短成型周期，更能消除如厚横切面所造成的成型问题单用增加壁厚的办法来提高塑料产品的强度，常常是不合理的，易产生缩孔或凹痕，此时可采用加强筋以增加塑件强度。除了采用加强筋外，薄壳状的产品可作成球面或拱曲面，这样可以有效地增加刚性和减少变形。

（5）支承面

以塑件的整个底面做支撑面是不合理的，因为塑件稍许翘曲或变形就会使底面不平。常以凸出的底脚（三点或四点）或凸边来做支承。

（6）孔

在塑料产品上开孔洞或切口可使其和其他零件组合以达成更多之功能及更具吸引力。图 3-24 所示为孔洞的一般类型。全穿孔洞比半孔洞易于加工，因为前者之穿孔销可在两端寻得支撑，而后者由于只有一端获得支撑，易被熔融之塑流进入模穴时，使穿孔销偏心而造成误差。所以，一般半穿孔之深度以不超过穿孔销直径两倍为原则。若要加深半穿孔洞之深度则可用层次孔洞如图所示。由于塑流常会在穿孔针旁形成缝合线之故，我们可以将其先做成凹痕或小凹洞，成型后再以钻孔针予以钻孔，如此可防止缝合线造成之强度减少亦可降低模具成本。若为半孔洞，则其底部之壁厚至少须为其孔洞直径的 1/6，否则模制后会膨胀。

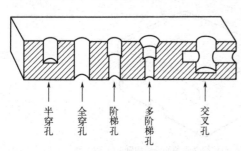

图3-24　塑料产品开孔的一般类型

半穿孔　全穿孔　阶梯孔　多阶梯孔　交叉孔

（7）嵌件的设计

为了增加塑料产品局部的强度、硬度、耐磨性、导磁导电性；或者为了降低塑料消耗以及满足其他多种要求，塑料产品采用各种形状、各种材料的嵌件。但是采用嵌件一般会增加塑料的成本，使模具结构复杂，而且向模具中安装嵌件会降低塑料产品的生产效率，难以实现自动化。

（8）分模线

凹模与凸模的接合线称为分模线（PL）。其位置如图 3-25 所示，位于产品的外围部位。设计分模线时应注意如下事项。

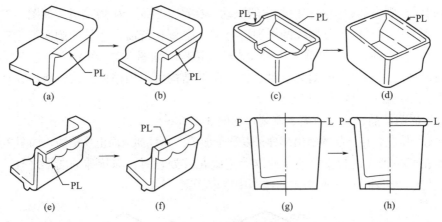

图3-25 分模线（PL）

① 在产品的外表面上会呈现分模线的痕迹，所以分模线应尽可能设计在不显眼的位置。

② 在分模线处易产生飞边，所以分模线应设计在容易清除飞边的部位。

③ 为了提高模具闭合时的配合精度，分模线的形状应尽量简单。

④ 分模线的位置应如图 3-25（b）、（d）、（f）所示，开设在棱边部位。

如分模线开设成图 3-25（g）所示形式，那么会由于模具发生错位而产生飞边，难以修整，损害产品外观。若需在产品中间部位开设分模线时，应采用图 3-25（h）所示的设计，以便于进行后加工。

（9）侧向凹凸

产品上的凹凸部位的高度大于模具开模方向的脱模允许范围时，此凹凸部位称为侧向凹凸（图 3-26）。产品上具有这种部位时，在模具结构上须采取措施，否则产品无法脱模。作为原则，在产品设计时应避免具有侧向凹凸的设计。但对无法避免的情况，若成型树脂为柔软性树脂时对较低的侧向凹凸，可以采用强制脱模方式，对于硬质树脂成型时，可在模具结构上设置特殊机构来使产品脱模。对于这种无法避免侧向凹凸的产品，应事先和模具设计师商议后再进行产品设计。

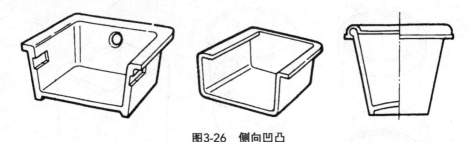

图3-26 侧向凹凸

（10）雕刻

一般情况下，为了装饰需将产品表面作成皮纹、梨皮纹，或为了标志需在产品上有制造厂家名称、商品名称或商标，为了达到这些目的就需要在模具上进行雕刻。

这种雕刻一般采用切削、腐蚀、冷挤等方法，在加工时应注意如下事项，如图 3-27。

① 雕刻的文字或花纹的深度一般为 0.4mm，最深的为 1.2mm，标准脱模斜度为 30°，

如果深度过深，则会妨碍塑料在模腔内的流动，在产品表面产生熔接痕，如图 3-27（a）。

② 原则上应在平行于分模线的平面进行文字雕刻。若需在产品的侧面雕刻较深的文字，则必须取较大的脱模斜度或采用瓣合式模具结构，如图 3-27（b）。

③ 在产品的斜面上需雕刻文字时，因为模具结构所采用镶件方式，所以在产品上应有文字部位的轮廓线，如图 3-27（c）。

④ 对于透明产品，宜在凸模上雕刻，如图 3-27（d）。

⑤ 雕刻部位宜选在产品的凸出部分，以利于加工，并且加工面也易整洁，如图 3-27（e）。

⑥ 需在产品表面进行皮纹或犁地纹等连续花纹处置时，除特殊的图形之外，一般应从进行这种花纹雕刻的厂家所提供的样本中选取图案。

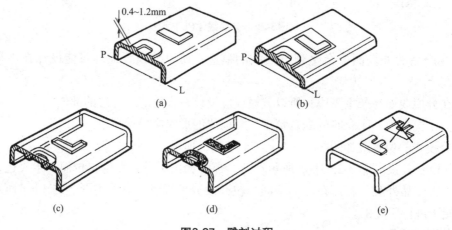

图3-27 雕刻过程

（11）模具痕迹

模具上各种机构的拼合线，将在成型产品时在产品上留下痕迹，留下的痕迹称为模具痕迹。如分模线痕迹、推出机构痕迹、瓣合模痕迹、浇口痕迹、预埋镶件痕迹、活动型芯痕迹等都属于模具痕迹（图 3-28）。注塑产品上容易留下模具痕迹，要消除所有的模具痕迹是不可能的，所以要尽量使模具痕迹位于产品上不显眼的部位，或进行技术处理，加以掩饰。

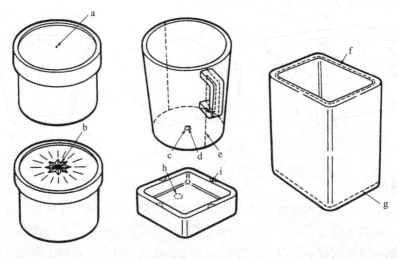

图3-28 模具痕迹

对于热成型产品，其与模具贴实的一面会留有模具痕迹，所以对于要求内面整洁的产品宜采用凹模成型，要求外面整洁的产品宜采用凸模成型。

3.1.7 产品设计常用的塑料

现代工业产品的造型设计离不开塑料材料，主要原因是其良好的塑形能力、灵活的表面装饰性以及较高的经济价值。因此，在产品设计中，设计师必须熟悉各种塑料的性能特点和成型特点，才能充分发挥不同材料的特性设计制作出性价比高、效果好的塑料制品。

拓展知识

通用塑料　　　　工程塑料　　　　增强塑料　　　　泡沫塑料

3.1.8 塑料产品设计案例

（1）把手设计

图 3-29（①～⑨）所示的是水杯、水瓶、电动工具及吸尘器等注塑产品的握把断面图形。为了便于看清握把的断面，这些图是用由上往下的位置表示的，若将图形向右转90°则可看成是握把在产品上的位置。

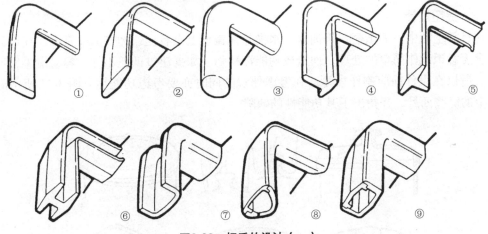

图3-29　把手的设计（一）

按从左到右、顺序往下的顺序，图形的断面越来越复杂，选用何种形式要根据产品的性质、要求的强度及预算的模具费用等情况而定。

一般采用图 3-29 中①～⑥所示的形状，尤其⑥所示的形状，易握、强度也好。③所示的形式是为了防止壁厚塌陷所采取的形式，最适宜于低发泡树脂成型。⑧⑨两种形式，在握把设计上作了有意识的处理，采取了在其上面可以组合另外成型的、不同颜色的产品，这两种形式虽然模具成本高些，但其外观效果高于其他 7 种形式［图 3-29（①～⑦）］。

图 3-30 中，⑩ 所示为手持注塑成型量杯的状况。对于这种小型产品，降低成本很重要，所以可采取图 3-29（①～⑦）中的各种形状。此图中采用⑥所示形状，图 3-30（⑪）

所示为注塑成型的工具箱握把，断面形状与⑦所示形状相反。一般来说⑩与⑪所示形状的握把，其断面尺寸为 25mm×20mm，插入手指的开口部分尺寸为 30mm×90mm。

在图 3-30 中⑫是大型洗涤剂容器，⑬是煤油罐，这两种产品都是吹塑成型的产品。由于成型技术的提高，现在握把可以设在产品的任何位置，但必须考虑容器内物体在移动时容易平衡的基础上确定握把的位置与形状。易握的握把直径在 30mm 到 45mm，⑭是真空成型的苹果箱的捏把，由于是薄壁产品，应考虑采用增强强度的断面设计。⑮是注塑成型的卷尺盒体的握把，两部分是用螺钉固定的。

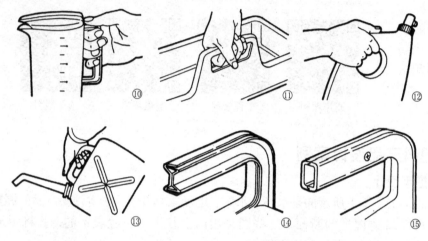

图3-30　把手的设计（二）

（2）提钮设计

在日常生活中，如水壶、奶油盒、水桶等在盖子上设有提钮的产品非常多，在设计时往往会无意识地作简单的处理，而造成功能性缺陷。如提钮过低抓不住，容易滑手，不稳定等。所以在设计前应制作模型，在考虑外观的同时亦要考虑功能性。图 3-31 所示的是市场上的一些商品，并指出了其功能性的缺陷。

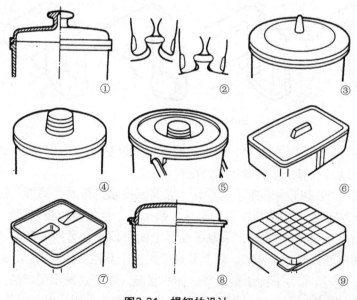

图3-31　提钮的设计

图 3-31 中①～③容易捏住，但若不用掰合则不能成型，在表面会出现模痕，作为功能性不稳定的设计如②以指尖触到盖为好，小的圆锥形提钮难以捏住，会有滑脱的可能。

图 3-31 中④～⑥在小型产品中，提钮的最小尺寸为高 12mm，直径为 10mm。大型产品的提钮直径为 30mm 以上，高为 20 ～ 25mm。奶油盒的提钮必须高 12mm 以上，厚度为 10mm 以上。

图 3-31 中⑦～⑨考虑到堆叠的产品需要提钮做成凹入式，深度必须在 15mm 以上，糖缸等容器的直径若超过 10cm 则难以拿住，密闭容器和盖最好如图所示有突出的部分以方便打开。

（3）利用聚丙烯塑料 PP 进行的合页式设计

聚丙烯树脂具有耐折的特性，有效利用这种特性可以制作盒体与"合页"整体成型的眼镜盒、小型箱子、保龄球盒等产品。之所以具有这种特性，是由于成型的作为"合页"的薄壁部位的分子链呈束状细纤维规则排列。如果设计得当，成型的"合页"部分能具有相当好的耐久性。

聚苯烯"合页"结构大多用于注塑成型的小型产品，也可用于吹塑成型的较大型产品如乐器箱、工具箱等。这种整体成型的聚丙烯"合页"与金属合页相比，在加工、制造成本、耐久性等方面均优越，但聚丙烯"合页"应避免在纵向位置的状态下使用。

在产品设计时应考虑将合页周围的各个拐角及棱边部分做成圆角，不能有锐角。合页的厚度根据产品规格而定，一般小型容器为 0.2mm 左右，大型产品为 0.4mm 左右，若合页厚度超过上述值，则会发生合页部分发硬、盖关不严或折断等现象。图 3-32 为聚丙烯"合页"部分的剖面，图 3-33 为聚丙烯制成的合页式瓶盖。

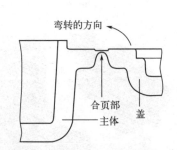

图3-32 聚丙烯"合页"部分的剖面

图3-33 利用聚丙烯制成的洗涤液合页式瓶盖

（4）垃圾桶的叠置

所谓叠置是指产品在存放时为了减少占用空间的位置，而能叠加堆放。需要叠置存放的产品，在产品设计时其侧面必须具有一定的斜度。比如为了保证公共场所空间安排的灵活性，人们往往会使用一些能大量叠制的用塑料制成的椅子（图 3-34）。

叠置存放具有如下优点：

① 产品存放时占用空间小。

② 可减少包装体积，降低包装费用及运输费用。

③ 可防止运输过程中产品发生破损。

④ 可用少量的面积陈列较多的产品。

设计需叠置的产品时，应要考虑叠置的产品容易分离。如以高度为 300mm，容积为

15L 的聚乙烯桶为例，因该产品具有叠置性能，所以 10 只桶叠置后高度仅为 600mm，这样与不能叠置时相比，可节约 20% ～ 30% 的包装、运输费。在图 3-35 中，a 和 b 表示对叠置的容器与不能叠置容器的比较为 10：3，而再加上包装后甚至达 5：1；c ～ e 为叠置容器的边的设计；f 为不好的设计，当从上面加力时容易破裂，而且要取出容器困难。

图3-34 叠置的椅子

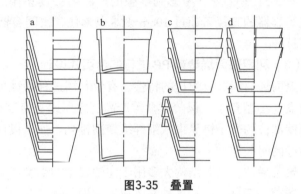

图3-35 叠置

3.2 橡胶材料

3.2.1 橡胶材料概述

橡胶是具有高弹性的高分子材料，也叫弹性体，具有高分子材料的共性，如黏弹性、绝缘性、环境老化性以及对流体的渗透性低等。橡胶在外力作用下具有很大的变形能力，伸长率可以达到 500% ～ 1000%，外力除去后可以恢复原来尺寸。橡胶应用广泛，最常见的是橡胶制作成轮胎、输送带、电缆和电线的外绝缘材料。其应用领域还涉及人们的日常生活、医疗卫生、文体生活、工农业生产、交通运输、电子通信和航空航天等，是国民经济与科技领域中不可缺少的高分子材料（图 3-36）。

图3-36 日常生活中的橡胶制品

3.2.2 橡胶材料分类

橡胶的分类很多，本书按橡胶的来源、使用范围以及物理形态进行分类并逐一为大家介绍。按来源分类可分为天然橡胶与合成橡胶。天然橡胶（NR）是指直接从植物中获取胶汁，经去杂、凝聚、滚压、干燥等步骤加工而成的橡胶。天然橡胶弹性大，定伸强度高，抗撕裂性和电绝缘性优良，耐磨性和耐旱性良好，加工性佳，天然橡胶易与其他材料黏合，在综合性能方面优于多数合成橡胶。天然橡胶的缺点是耐氧和耐臭氧性差，容易老化变质；耐油和耐溶剂性不好，抵抗酸碱的腐蚀能力弱；耐热性不高。天然橡胶使用温度范围：约 -60 ～ +80℃。天然橡胶用于制作轮胎、胶鞋、胶管、胶带、电线电缆的绝缘层和护套以及其他通用制品。天然橡胶特别适用于制造扭振消除器、发动机减震器、机器支座、橡胶 - 金属悬挂元件、膜片、模压制品。

合成橡胶是指从石油、天然气、煤、石灰石、农副产品中提取原料，制成"单体"物质，再经过复杂的化学反应而制得，又被称为人造橡胶。下面对常见的合成橡胶材料逐一介绍：

（1）丁苯橡胶（SBR）

丁苯橡胶是丁二烯和苯乙烯的共聚物，是最早工业化的合成橡胶。丁苯橡胶的性能接近天然橡胶，是目前产量最大的通用合成橡胶，丁苯橡胶特点是耐磨性、耐老化和耐热性超过天然橡胶，质地也较天然橡胶均匀。丁苯橡胶的缺点是：弹性较低，抗屈挠、抗撕裂性能较差；加工性能差，特别是自黏性差、生胶强度低。丁苯橡胶使用温度范围：约 -50 ～ +100℃。丁苯橡胶主要用以代替天然橡胶制作轮胎、胶板、胶管、胶鞋及其他通用制品，图 3-37 为丁苯橡胶防护手套。

（2）顺丁橡胶（BR）

顺丁橡胶是由丁二烯聚合而成的顺式结构橡胶。顺丁橡胶优点是：弹性与耐磨性优良，耐老化性好，耐低温性优异，在动态负荷下发热量小，易与金属黏合。顺丁橡胶缺点是强度较低，抗撕裂性差，加工性能与自黏性差。顺丁橡胶使用温度范围：约 -60 ～ +100℃。

顺丁橡胶一般很少单用，一般多和天然橡胶或丁苯橡胶并用，改善顺丁橡胶在拉伸强度、抗湿滑性、黏合性及加工性能方面所存在的不足。主要制作轮胎胎面、运输带和特殊耐寒制品。

（3）丁基橡胶（HR、CHR）

丁基橡胶是异丁烯和少量异戊二烯或丁二烯的共聚体。丁基橡胶最大特点是气密性好，耐臭氧、耐老化性能好，耐热性较高，长期工作温度可在 130℃以下；丁基橡胶能耐无机强酸（如硫酸、硝酸等）和一般有机溶剂，吸振和阻尼特性良好，电绝缘性也非常好。丁基橡胶的缺点是弹性差，加工性能差，硫化速度慢，黏着性和耐油性差。丁基橡胶使用温度范围：约 -40 ～ +120℃。丁基橡胶主要用作内胎、水胎、气球、电线电缆绝缘层、化工设备衬里及防震制品、耐热运输带、耐热老化的胶布制品，图 3-38 为丁基橡胶制成的瓶塞。

图3-37　丁苯橡胶防护手套

图3-38　丁基橡胶制成的瓶塞

（4）氯丁橡胶（CR）

氯丁橡胶是由氯丁二烯做单体乳液聚合而成的聚合体。氯丁橡胶分子中含有氯原子，所以氯丁橡胶与其他通用橡胶相比：氯丁橡胶具有优良的抗氧、抗臭氧性，不易燃，着火后能自熄，耐油、耐溶剂、耐酸碱以及耐老化、气密性好等优点；氯丁橡胶物理机械性能也比天然橡胶好，故可用作通用橡胶，也可用作特种橡胶。氯丁橡胶主要缺点是耐寒性较差，比重较大、相对成本高，电绝缘性不好，加工时易粘滚、易焦烧及易粘模。此外，生胶稳定性差，不易保存。氯丁橡胶使用温度范围：约 -45 ～ +100℃。

氯丁橡胶主要用于制造要求抗臭氧、耐老化性高的电缆护套及各种防护套、保护罩；耐油、耐化学腐蚀的胶管、胶带和化工衬里；耐燃的地下采矿用橡胶制品，以及各种模压制品、密封圈、垫、黏结剂等，图3-39为氯丁橡胶圈。

图3-39　氯丁橡胶圈

（5）乙丙橡胶（EPM\\EPDM）

乙丙橡胶是乙烯和丙烯的共聚体，一般分为二元乙丙橡胶和三元乙丙橡胶。乙丙橡胶特点是抗臭氧、耐紫外线、耐天候性和耐老化性优异，居通用橡胶之首。乙丙橡胶的电绝缘性、耐化学性、冲击弹性很好，耐酸碱，比重小，可进行高填充配合。耐热可达150℃，耐极性溶剂 - 酮、酯等，但乙丙橡胶不耐脂肪烃和芳香烃，乙丙橡胶其他物理机械性能略次于天然橡胶而优于丁苯橡胶。乙丙橡胶缺点是自黏性和互黏性很差，不易黏合。乙丙橡胶使用温度范围：约 -50 ～ +150℃。

乙丙橡胶主要用作化工设备衬里、电线电缆包皮、蒸汽胶管、耐热运输带、汽车用橡胶制品及其他工业制品（图 3-40）。

图3-40　乙丙橡胶密封条

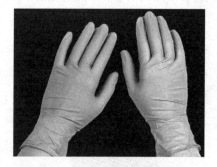

图3-41　丁腈橡胶一次性手套

（6）丁腈橡胶（NBR）

丁腈橡胶是丁二烯和丙烯腈的共聚体。丁腈橡胶特点是耐汽油和脂肪烃油类的性能特别好，仅次于聚硫橡胶、丙烯酸酯和氟橡胶，而丁腈橡胶优于其他通用橡胶。耐热性好，气密性、耐磨及耐水性等均较好，黏结力强。丁腈橡胶缺点是耐寒及耐臭氧性较差，强力及弹性较低，耐酸性差，电绝缘性不好，耐极性溶剂性能也较差。丁腈橡胶使用温度范围：约 -30 ～ +100℃。丁腈橡胶具有良好的相容性，常与其他橡胶进行并用。丁腈橡胶主要用于制造各种耐油制品，如胶管、密封制品等（图 3-41）。

（7）硅橡胶（SIL）

硅橡胶为主链含有硅、氧原子的特种橡胶，硅橡胶中起主要作用的是硅元素。硅橡胶主要特点是既耐高温（最高 300℃）又耐低温（最低 -100℃），是目前最好耐寒、耐高温橡胶；同时硅橡胶电绝缘性优良，对热氧化和臭氧的稳定性很高，化学惰性大。硅橡胶的缺点是机械强度较低，耐油、耐溶剂和耐酸碱性差，较难硫化，价格较贵。硅橡胶使用温度：-60 ～ +200℃。

硅橡胶主要用于制作耐高低温制品（胶管、密封件等）、耐高温电线电缆绝缘层，由于其无毒无味，硅橡胶还用于食品及医疗工业（图 3-42）。

图3-42 硅橡胶制成的折叠碗

橡胶按使用范围可以分为通用橡胶与特种橡胶。通用橡胶是指性能和用途都与天然橡胶相似的丁苯橡胶、顺丁橡胶等，由于价格低，产量大，来源广，用于日常生活和生产。如制轮胎、胶带、胶管等。特种橡胶是具有耐热、耐寒、耐腐蚀、耐油等某种特殊性能的橡胶。如氟橡胶、硅橡胶等。根据其物理形态可以分为生橡胶、软橡胶、硬橡胶、混炼胶和再生胶。

① 生橡胶：简称生胶，由天然采集未加配合剂而成的原始橡胶。

② 软橡胶：在生胶中加入配合剂，具有高弹性、高强度和实用性能的橡胶制品。

③ 硬橡胶：含有大量硫黄（25% ～ 50%）的生胶经过硫化而制成的硬质橡胶，又称硬质橡胶。

④ 混炼胶：在生胶中加入各种配合剂，经过胶炼机的混合作用后，使其具有所需物理力学性质的半成品，俗称胶料。

⑤ 再生胶：以废轮胎等废原料经过一定的加工过程而成的可循环再利用的橡胶。

3.2.3 橡胶材料性能

橡胶是一种具有可逆形变的高弹性聚合物材料，在室温下富有弹性，在很小的外力作用下能产生较大形变，除去外力后能恢复原状。其基本性能有以下8种，下面逐一进行介绍。

①高弹性：橡胶具有高弹性，伸长率可以达到500%～1000%，外力除去后可以恢复原来尺寸，并能在-50～150℃范围内保持弹性。

②黏弹性：橡胶在形变时受温度和时间影响，表现出明显的应力松弛和蠕变，在振动和交变应力作用下产生滞后损失。

③电绝缘性：橡胶因其电绝缘性而广泛应用于绝缘电缆。

④导热性：橡胶是热的不良导体，是优异的隔热材料。

⑤可燃性：橡胶材料具有不同程度的可燃性。

⑥温度依赖性：橡胶受温度影响很大，低温时玻璃态，高温时软化甚至燃烧。

⑦有老化现象：橡胶会因环境条件的变化而产生老化，使性能和寿命降低。

⑧必须硫化：橡胶材料必须加入硫黄等物质硫化才可有更广泛的用途。

3.2.4 橡胶的加工与成型

橡胶加工是指生胶及其配合剂经过一系列化学与物理作用制成橡胶制品的过程。一般包括塑炼、混炼、压延与压出、成型、硫化等工序（图3-43）。

图3-43　橡胶加工基本工艺过程示意图

①塑炼：将橡胶生胶在机械力、热、氧等作用下，从强韧的弹性状态转变为柔软且具有可塑性的状态，以增加其可塑性的工艺过程。

②混炼：将具有一定可塑性的生胶与各种配合剂经机械作用使之均匀混合的工艺过程。

③压延与压出：压延的目的是胶料压成薄胶片，或在胶片上压出花纹等。

④成型：根据制品的形状把压延或压出的胶片裁剪成不同规格的部件，然后进行贴合制成半成品的过程。

⑤硫化：在加热条件下，胶料中的生橡胶与硫化剂发生反应，使橡胶由线性结构的大分子交联成立体网状结构的大分子，从而使胶料的物理学性质和其他性能有明显改变，由塑性橡胶转化为弹性或硬质橡胶的过程。

橡胶的成型方法包括注射成型、压制成型、挤出成型和压铸成型。

（1）注射成型

注射成型又称注压成型，是利用注射机的压力，将预先加热成塑性状态的胶料通过注射模的浇注系统注入模具型腔中硫化定型的方法。该方法的特点是成型周期短，生产效率高、劳动强度小；加工的产品质量稳定、精度较高，常用于生产大型及复杂几何形状的产品。如耐油垫圈、高密封件等。图3-44为螺杆式注压机的工作流程。

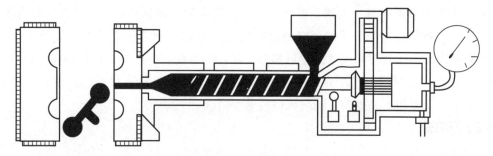

图3-44 螺杆式注压机的工作流程

（2）压制成型

压制成型是将经过塑炼和混炼预先压延好的橡胶坯料按照一定规格和形状下料后，加入压制模中，合模后在液压机上按规定的工艺条件进行压制，使胶料在受热受压下以塑性流动充满型腔，经过一定时间完成硫化，再进行脱模、清理毛边、最后检验得到所需制品的成型方法（图3-45）。该方法模具简单、通用性强、实用性广、操作方便。

（3）挤出成型

挤出成型又称压出成型。是将在挤出机中预热与塑化后的胶料通过螺杆的旋转，使胶料不断推进，在螺杆尖和机筒壁强大的挤压力下，挤压出各种断面形状的橡胶型材半成品的加工方法。橡胶的挤出成型原理与塑料的挤出成型原理相同。

该成型方法的优点是成品密度高，模具简单，便于制造、拆装、保管和维修，可以实现自动化。其缺点是只能挤出形状简单的直条型材或半成品，无法生产精度高、断面复杂或带有金属嵌件的制品。

（4）压铸成型

压铸成型又称传递法成型或挤胶法成型，是将混炼过的、形状简单的、限量的胶条或胶块半成品放入压铸模的型腔中，通过压铸塞的压力挤压胶料，并使胶料通过浇注系统进入模具型腔中硫化定型的方法。该方法适用于薄壁、细长制品以及形状复杂难以加料的橡胶制品，所生产的制品致密性好，质量优越。图 3-46 为带加料室的压铸模。

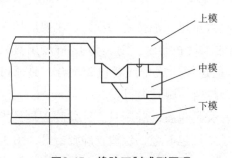

图3-45 橡胶压制成型原理

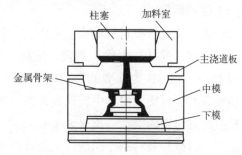

图3-46 带加料室的压铸模

3.2.5 橡胶产品设计案例

（1）OXO Good Grips 削皮器

OXO 是美国一个时尚年轻的居家用品、厨具用品品牌，创始于 1990 年，产品线主要覆盖厨房、居家、婴幼儿产品等。OXO Good Grips 削皮器设计灵感来源于 OXO 品牌创始人 Farber 患有关节炎的妻子无法正常使用传统的削皮刀，该品牌致力于设计出综合美学、人机工程学、材料与加工工艺的高级厨房用具（图 3-47）。该产品的手柄在造型上采用椭圆形和鳍片设计，适合不同尺寸的手形抓握。鳍片的弧度和椭圆形手柄相呼应，具有现代设计美学特点。在材料上采用合成弹性氯丁橡胶，这种材料具有良好的弹性和足够的硬度，便于手部抓握和产品操控，同时该材料易于清洗。

（2）万向轮

万向轮是与人们日常生活关系密切的挤出产品零部件，因为其结构能够允许轮子水平 360°旋转，所以被称为万向轮，也可称为活动脚轮（图 3-48）。万向轮一般安装在脚轮轮子的支架上，能在动载或者静载中水平 360°旋转，常用于办公座椅、手推车、置物架等需要推动前行且能够灵活转动方向的产品上使用，可以说，万向轮的出现为人们的生活带来极大的便利。

图3-47　OXO削皮器　　　　　　　　图3-48　万向轮

（3）硅胶厨具

近年来，随着硅胶材料的广泛应用，硅胶厨具大量进入消费者的视野，主要应用于厨房烘烤、烹饪、搅拌、制作、调理、配料、调制的工具和器皿（图 3-49）。硅胶厨具采用食品级 FDA、LFGB 为标准的特种硅胶为原料，通过模压成型或者包胶配合，是通过五金、塑胶等其他材质的厨具中转化过来的一种新型材料的厨具类目。

硅胶厨具包含两类：一类是纯硅胶厨具，另一类是包胶硅胶厨具。纯硅胶厨具是指整个产品都是以硅胶材料制作而成。包胶硅胶厨具主要是包五金、包塑胶硅胶厨具，图 3-50 是包五金硅胶炒菜铲。相比传统的铁质、木质厨具，硅胶厨具具有几方面优势。①耐高温：适用温度范围 -40～230℃，并且可在微波炉和烤箱内直接使用。②易清洁：硅胶产品不粘油，使用后用清水冲洗即可恢复干净，也可在洗碗机内清洗。③寿命长：硅胶原料的化学性能很稳定，制作出的产品，较其他材料有更长的使用寿命。④柔软舒适：硅胶材料具有柔韧性，触感舒适，且不会变形。⑤颜色多样：硅胶材料可以根据客户的需要，定制化调配出不同的靓丽色彩。

图3-49 硅胶厨具

图3-50 包胶锅铲

（4）氯丁橡胶潜水服

潜水服最主要的功能是防止潜水员在潜水过程中体温散失过快，造成失温，同时也能保护潜水员免受礁石或有害动物、植物的伤害。通常有干式潜水服和湿式潜水服两种（图3-51），可根据海水温度进行选择。水温低于 20℃穿湿式潜水服；水温在 10℃以下则需要穿干式潜水服。

图3-51 氯丁橡胶潜水服

思考题

1. 收集塑料制成的现有产品在连接上采用弹性连接方式的案例，分析其结构和实现方式，整理为论文或演示文档，课堂上交流。

2. 课堂辩论：产品设计中多采用塑料材质和产品设计中比较少采用塑料材质。辩论结束后每人撰写一篇小论文，为合理地使用塑料献计献策。

第4章

无机非金属
材料

导读

无机非金属材料，包括陶瓷、玻璃、二氧化硅气凝胶、水泥等制品的材料，主要由某些元素的氧化物、碳化物、氮化物、卤素化合物、硼化物以及硅酸盐、铝酸盐、磷酸盐、硼酸盐等物质组成。通常分为普通的（传统的）和先进的（新型的）无机非金属材料两大类。是与有机高分子材料和金属材料并列的三大材料之一，是既传统又极具广阔发展前景的产品设计材料。

4.1 陶瓷材料

4.1.1 陶瓷材料概述

陶瓷是人类最早运用于生活和生产中的一种材料，至今有八千年到一万年的历史。通常可将陶瓷分为普通陶瓷和特种陶瓷两类，普通陶瓷是指以黏土、石英、长石等硅酸盐矿物为主要原料，经过拣选、粉碎、混炼、成型、煅烧等工序而制成的陶瓷制品。根据使用领域可以分为日用陶瓷、建筑陶瓷、电子陶瓷等。特种陶瓷是随着近代科技水平的发展，出现的新型陶瓷品种，如金属陶瓷、氧化物陶瓷、压电陶瓷等，其产品被使用于微电子、新能源、交通、航天等领域。

（1）陶瓷发展历史

制陶的发明与人类知道用火有密切的关系，被火焙烧的土地或者黏土因落入火堆而变得坚硬定型，促使原始先民有意识地用泥土制作他们需要的器物。因此，制陶技术是原始先民在其生产、生活实践中逐步形成的。因其所处地域、生活习性、制陶原料的不同，形成了无论在形制、器类、工艺与装饰上都不一样的陶器与制陶技术，例如在中国，黄河流域新石器时代早期的裴李岗文化与磁山文化陶器，以及长江下游新石器时代早期的河姆渡文化陶器。

原始先民最先采用的制陶技术，被文物考古工作者称为"贴敷模制法"或"泥片贴筑法"，这是源自对我国境内早期制陶遗迹所发现的陶器残片的观察，发现有泥片黏合层理及陶片层理剥落的现象。筐篮编织成器的方法，很可能曾经启发了先民使用泥条盘筑法制成大型容器的陶坯（所谓泥条盘筑法，就是将拌制好的黏土搓成泥条，从器底起依次将泥条盘筑成器壁直至器口，再用泥浆胶合成全器，最后抹平器壁盘筑时留下的沟缝；或进一步一手在器内持陶垫或卵石顶住器壁，另一手在器外持陶拍拍打，使器壁均匀结实，尔后入窑烧制。如若陶拍刻印有花纹，则器表形成一种装饰花纹，即所谓"印纹"）。

轮制成型，是在盘筑法的基础上产生的一种制陶技术，它借助于称为"陶车"的简单机械对陶坯进行修整（陶车亦称陶钧，它是一个圆形的工作台，台面下的中心处有圆窝置于轴上，可围绕车作平面圆周运动）。轮制陶具的坯泥一般要求品质细腻均匀，并且有相当大的湿强度，在陶车的惯性旋转中，利用坯泥的离心力，能制成器壁较薄、器形规整的陶坯。

随着选料（烧制原料为瓷石，与原有的易熔黏土相比，氧化硅和氧化铝的含量较高）

和制陶技术（烧成温度提高至 1200℃；器表施薄釉）的进步，原始瓷烧制成功，其出现似乎可以追溯到青铜时代。其中，釉药是被覆在陶瓷器土坯上的一种玻璃。上釉的目的在于：①覆盖土坯、增加光泽、美化外观。②使制成品表面光滑、防脏，去除吸水性，增加机械强度。釉药可以根据组成的主成分（铅釉、长石釉、石灰釉等）分类；也可以根据熔融温度（低软化点釉 900～1140℃、中软化点釉 1140～1300℃、高软化点釉 1300℃以上）来分类；或者根据表面的颜色、光泽、性状分为透明釉、底釉、结晶釉、色釉等。

东汉时期，瓷器烧制成功，大量汉代磁窑出土的瓷器残片证明了这一观点。汉代瓷器烧制温度更高（可达 1310℃），坯体烧结坚硬，坚固耐用，瓷器胎釉结合紧密，不会脱落，釉层表面光滑，不吸水。

经过三国、两晋、南北朝和隋代共 330 多年的发展，到了唐朝中国政治稳定、经济繁荣。社会的进步促进了制瓷业的发展，如北方邢窑白瓷"类银类雪"，南方越窑青瓷"类玉类冰"，形成"北白南青"两大窑系。同时唐代还烧制出雪花釉、纹胎釉和釉下彩瓷及贴花装饰等品种。

宋代是中国瓷器空前发展的时期，出现了百花齐放、百花争艳的局面，瓷窑遍及南北各地，名窑迭出，品类繁多，除青、白两大瓷系外，黑釉、青白釉和彩绘瓷纷纷兴起（图4-1）。举世闻名的汝、官、哥、定、钧五大名窑的产品为稀世所珍。还有耀州窑、湖田窑、龙泉窑、建窑、吉州窑、磁州窑等产品也风格独特，各领风骚，呈现出欣欣向荣的好局面，是中国陶瓷发展史上的第一个高峰。

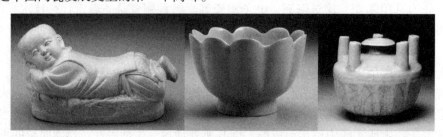

图4-1　宋代瓷器

元代在景德镇设"浮梁瓷局"统理窑务，发明了瓷石加高岭土的二元配方，烧制出大型瓷器，并成功地烧制出典型的元青花和釉里红及枢府瓷等，尤其是元青花烧制成功，在中国陶瓷史上具有划时代的意义（图 4-2）。宋、金时战乱后遗留下来的南北各地的主要瓷窑仍然继续生产，其中龙泉窑比宋时扩大了，梅子青瓷是元代龙泉窑的上乘之作。还有"金丝铁线"的元哥瓷，应是仿宋官窑器之产物，也是旷世稀珍。

明代从洪武三十五年开始在景德镇设立"御窑厂"，200 多年来烧制出许多高、精、尖产品，如永宣的青花和铜红釉、成化的斗彩、万历的五彩等都是稀世珍品。御窑厂的存在也带动了民窑的进一步发展。景德镇的青花、白瓷、彩瓷、单色釉等品种，繁花似锦，五彩缤纷，成为全国的制瓷中心。还有福建的德化白瓷产品亦都十分精美。

清朝康、雍、乾三代瓷器的发展臻于鼎盛，达到了历史上的最高水平，是中国陶瓷发展史上的第二个高峰。景德镇瓷业盛况空前，保持了中国瓷都的地位。康熙时不但恢复了明代永乐、宣德朝以来所有精品的特色，还创烧了很多新的品种，并烧制出色泽鲜明翠硕、浓淡相间、层次分明的青花。郎窑还恢复了失传 200 多年的高温铜红釉的烧制技术，郎窑红、豇豆红独步一时。还有天蓝、洒兰、豆青、娇黄、仿定、孔雀绿、紫金釉等都是成功之作，另外康熙时创烧的珐琅彩瓷也闻名于世。

雍正朝虽然只有13年，但制瓷工艺都到了登峰造极的地步，雍正粉彩非常精致，成为与号称"国瓷"的青花互相媲美的新品种。

乾隆朝的单色釉、青花、釉里红、珐琅彩、粉彩等品种在继承前朝的基础上，都有极其精致的产品和创新的品种。

乾隆时期是中国制瓷业盛极而衰的转折点，到嘉庆以后瓷艺急转直下。尤其是道光时期的鸦片战争，使中国逐步沦为半殖民地半封建社会，国力衰竭，制瓷业一落千丈，直到光绪时有点回光返照，但1911年辛亥革命的爆发，清王朝寿终正寝。长达数千年的中国古陶瓷发展史，由此落下帷幕。

(a) 元青花磁盘　　　　　　　　(b) 元青花梅瓶

图4-2　元代青花瓷

（2）陶瓷的基本性能

① 光学性质。

a. 白度，指陶瓷材料对白色光的反射能力。它是以45°投射到陶瓷试件表面上的白光反射强度与化学纯硫酸钡样片（白度作100%）的比较而得。绝大部分瓷器在外观色泽上均采用纯正的白色（色度应不低于70%）。对于白色微泛青色的色调，其白度虽不及微带黄色的白色，但人的视觉感觉上却要白一些，觉得更柔和舒适。

b. 透光度，指瓷器允许可见光透过的程度，常用透过瓷片的光强度与入射在瓷片上的光强度之比来表示。透光度与瓷片厚度、配料组成、原料纯度、坯料细度、烧成温度以及瓷坯的显微结构有关。

c. 光泽度，指瓷器表面对可见光的反射能力。光泽度决定于瓷器表面的平坦与光滑程度。当釉面平整光滑，无缺陷时，光泽度就高，反之，釉面粗糙有橘皮、针孔等缺陷，光泽度则下降。

② 力学性质。力学性质是指陶瓷材料抵抗外界机械应力作用的能力。陶瓷材料最突出的缺点是脆性。虽然在静态负荷下，抗压强度很高，但稍受外力冲击便发生脆裂，在外力作用下不发生显著形变即产生破坏，抗冲击强度远远低于抗压强度，致使其应用尤其作为结构材料使用有所局限。为了改善陶器材料的脆性，目前已研制出高韧性、高强度的氧化锆陶瓷，扩大了陶瓷的应用范围。

③ 热稳定性。这是指陶瓷材料承受外界温度急剧变化而不破损的能力，又称为抗热震性或耐温度急变性。热稳定性是陶瓷制品使用时的一个重要质量指标。测定方法是将试样置于电炉内逐渐升温，从100℃起，每隔20℃取出试样投入20℃水中急冷一次，如此反复，直至试样表面出现裂纹或开裂为止，此温度即作为衡量陶瓷热稳定性的数据。

④ 化学性质。这是指陶瓷耐酸碱的侵蚀与大气腐蚀的能力。陶瓷的化学稳定性主要取决于坯料的化学组成和结构特征，一般说陶瓷材料为良好的耐酸材料，能耐无机酸和有机酸及盐的侵蚀，但抵抗碱的侵蚀能力较弱。采用釉上彩或釉中彩的瓷釉餐具使用时要注意，在弱酸碱的侵蚀下，含金属特别是铅的釉料会溶出铅或其他金属物质，溶出超过一定量时对人体是有害的，使用釉下彩上色方式的餐具则相对安全一点。

⑤ 气孔率与吸水率。气孔率指陶瓷制品所含气孔的体积与制品总体积的百分比。气孔率的高低和密度的大小是鉴别和区分各类陶瓷的重要标志。吸水率则反映陶瓷制品烧结后的致密程度。日用陶瓷质地致密，吸水率不超过 0.5%，炻器吸水率在 2% 以下，陶器吸水率从 4% ~ 5% 开始，随陶瓷制品用途不同而异。

⑥ 陶瓷的特性。与金属材料相比较，大多数陶瓷的硬度高，弹性模量大，性脆，几乎没有塑性，抗拉强度低。陶瓷材料熔点高，抗蠕变能力强，热硬度可达 1000℃，但陶瓷膨胀系数和导热系数小，承受温度快速变化的能力差，在温度剧变时会开裂。陶瓷材料的化学稳定性很高，有良好的抗氧化能力，能抵抗强腐蚀介质、高温的共同作用。大多数陶瓷是电绝缘材料，功能陶瓷材料具有光、电、磁、声等特殊性能。

（3）陶瓷的分类

① 按陶瓷原料、性能功用分类。按照陶瓷原料及性能功用可将陶瓷分为普通陶瓷和先进陶瓷（特种陶瓷）两种（图 4-3）。

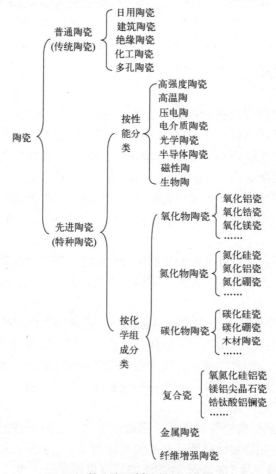

图4-3 按陶瓷原料、性能功用分类

a. 普通陶瓷，又称传统陶瓷，是指日用陶瓷、建筑瓷、卫生瓷、电工瓷、化工瓷等，是用天然硅酸盐矿物，如黏土、长石、石英、高岭土等原料烧结而成。

b. 先进陶瓷，又称特种陶瓷，是采用纯度较高的人工合成原料，如氧化物、氮化物、硅化物、硼化物、氟化物等制成，具有特殊的力学、物理、化学性能的陶瓷制品，例如绝缘陶瓷、磁性陶、压电陶瓷、导电陶瓷、半导体陶瓷、光学陶瓷（光导纤维、激光材料等）。

② 按陶瓷制品分类。按照陶瓷制品可以分为陶器、炻器、瓷器等，可由表 4-1 进行对比说明。

表4-1　按陶瓷制品分类

名称		特征		举例
		颜色	吸水率/%	
粗陶器		带白		日用缸器
精陶器	石灰质精陶	白色	18～22	日用器皿、彩陶
	长石质精陶	白色	9～12	日用器皿、建筑卫生器皿、装饰器皿
灯器	粗场器	带色	4～8	日用器皿、缸器、建筑用品
	细拓器	白或带色	0～1.0	日用器皿、化学工业及电器工业用品
瓷	长石质瓷	白色	0～0.5	日用餐茶具、陈设瓷、高低压电瓷
	绢云母质瓷	白色	0～0.5	日用餐茶具、美术用品
	滑石瓷	白色	0～0.5	日用餐茶具、美术用品
	骨灰瓷	白色	0～0.5	日用餐茶具、美术用品
特种瓷	高铝质瓷	耐高频、高强度、耐高温		硅线石瓷、刚玉瓷等
	镁质瓷	耐高频、高强度、低介电损失		滑石瓷
	锆质瓷	高强度、高介电损失		锆英石瓷
	钛质瓷	高电容率、铁电性、压电性		钛酸钡瓷、钛酸铅瓷、金红石瓷等
	磁性瓷	高电阻率、高磁致伸缩系数		铁淦氧瓷、镍锌磁性瓷等
	金属陶瓷	高强度、高熔点、高抗氧化		铁、镍、钴金属陶瓷
	其他			氧化物、氮化物、硅化物等

4.1.2 陶瓷材料工艺

陶瓷制品的生产工艺流程比较复杂，如图 4-4 所示，各品种的生产工艺不尽相同，但一般都包括原料配制、坯料成型和窑炉烧结等三个主要工序。

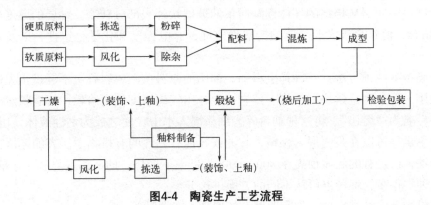

图4-4　陶瓷生产工艺流程

（1）原料配制

原料在一定程度上决定着产品的质量和工艺流程、工艺条件的选择。陶瓷生产的最基本的原料是石英、长石、黏土三大类和一些其他化工原料。这些原料一般都要经过加工制备才能进入配料阶段。

从工艺角度看，陶瓷原料基本可分为两类：一类为可塑性原料，主要是指黏土类天然矿物，包括高岭土、多水高岭土及作为增塑剂的膨润土等，它们在坯料中起塑化和黏结作用，赋予坯料以塑性与注浆成型性能，保证干坯强度及烧后的各种使用性能，如机械强度、热稳定性和化学稳定性等，这一类原料是坯料能成型的基础，也是黏土质陶瓷的成瓷基础；另一类是无可塑性原料，其中石英属于瘠性原料，可降低坯料的黏性，烧成时部分石英溶解，提高液相黏度，防止高温变形，冷却后在瓷坯中起骨架作用，防止坯体收缩时开裂变形。长石则属于熔剂原料，高温下熔融后可以溶解一部分石英及高岭土分解产物，对熔融后的高黏度玻璃可起到高温胶结作用，能增加制品的密实性和强度。

（2）成型

将配制好的制作陶瓷用的坯料塑造成为预定的形状，以体现陶瓷产品的使用与审美功能，这个赋形工序即为成型。陶瓷的主要成型方法将在下文介绍。

（3）坯体干燥

成型后的坯体，一般都含有较高的水分，没有足够的强度来承受搬运或再加工过程中的压力与振动，容易发生变形和损坏，尤其是可塑法成型和注浆法成型后的坯体更是如此。因此，必须对成型后的坯件进行干燥处理。同时，干燥处理也能提高坯体吸附釉彩的能力。经过干燥的坯体，还可以在烧结初期以较快的速度升温，从而缩短烧结周期，降低燃料消耗。

坯体干燥的方法有自然空气干燥、热空气干燥、辐射线干燥以及微波干燥等。

（4）上釉

上釉是在坯胎表面上覆盖一层釉料。施釉的目的是在陶瓷坯体的表面上覆以适当厚度的硅酸质材料，并且在熔融后与坯体能密实地结合，这种类似玻璃质的保护层称之为釉。釉的主要作用有：增加坯体的强度；防止多孔性的坯体内装液体的渗透；增加坯体表面的平滑性，使其易于清理；具有装饰性，可增加陶瓷的美观；增加对酸碱的抗蚀性。

釉与坯一样，是由岩石或土产生的，它与坯的不同点，只是比较容易在火中熔融而已。当窑内温度使坯达到半熔时，必须使釉的原料完全熔融成液体状态。冷却后这种液体凝固而成一种玻璃质物体，这便是釉。当釉熔融时，它同制品的坯体发生相互作用，形成中间层，这一中间层从烧结的坯体逐渐向釉的玻璃状外表部分转变。釉层的厚度虽然只有 $0.1 \sim 0.3$mm，但它会极大改变制品的热稳定性、介电强度和化学稳定性，以及其他的许多性质。

釉的制备有两种方法：一种是生料釉，釉用的原料（土或岩石）不经过预先熔制，直接调和来用。另一种是熔块釉，将土或岩石混合用较高温度使之熔融，然后骤然冷却成玻璃状碎块，名为"熔块"。将这种釉料碎为细粉混入水中，使之成为黏性液体，用来挂坯。如果黏性不足，可以在浆内混入糊精、甘油或其他有黏性的有机物质。有的坯体露天干燥后立即挂釉，但也有的胚体预先在 $800 \sim 900$℃ 低温下煅烧，即所谓素烧后才挂釉的。

釉的种类很多，釉药也可从不同的方面进行分类：

从制成物品的种类来分，如陶器釉、炻器釉、瓷器釉等。

从釉的主要助熔剂分，如石灰釉、灰釉、长石釉等。

从施釉方式分，如生釉、食盐釉等。

从釉的起源、生产地、研究者分，如天目釉、布里斯脱釉等。

从釉的组成的名称来分类，如铁红釉、青瓷釉等。

从釉的外观来分类，如透明釉、失透釉、无光釉等。

在不同时期所用的釉料不同，上釉的方法也不同。例如拓（涂）釉法，用笔或刷子蘸釉浆后涂于素胎之上；吹釉法，用管或筒，一端蒙细纱，蘸釉浆后吹于胎体之上，多次反复至均匀乃成；浸釉法，一般用于胎体外部施釉时，手持器坯浸入釉浆中轻轻上下拉动或左右转动，借坯体的吸水性让釉附着在坯胎上；荡釉法，把釉浆注入器坯内，上下左右旋荡胎体，使釉浆均匀附上器坯内壁，壶瓶、罐类容器常用此法；此外还可将坯体放在旋轮上施釉，利用旋转产生的离心力使釉浆散甩到器坯内壁上，故称为轮釉法。

（5）窑炉烧结

烧结也称烧成，是坯体瓷化的工艺过程，也是陶瓷制品工艺中最重要的一道工序。经成型、干燥和施釉后的半成品，必须再经高温焙烧，坯体在高温下发生一系列物理化学变化，使原来由矿物原料组成的生坯，达到完全致密程度的瓷化状态，成为具有一定性能的陶瓷制品。

瓷器的烧制结果与窑的形状、装瓷匣钵入窑后的摆放位置、烧成温度的高低、窑内火焰燃烧的化学变量等都有极大关系。不同时期，不同瓷质的瓷器烧成温度是有差异的，其平均烧成温度在1100～1300℃。烧结可以在煤窑、油窑、电炉、煤气炉等高温窑炉中完成。整个烧结过程大致可分为低温蒸发（＜300℃）、氧化分解和晶型转化（300～950℃）、玻化成瓷和保温（＞950℃）、冷却定型四个阶段。

陶瓷制品在烧结后即硬化定型，具有很高的硬度，一般不易加工。对某些尺寸精度要求较高的制件，烧结后可进行研磨、电加工或激光加工。

4.1.3 陶瓷材料成型

传统陶瓷产品的种类很多，坯料的性能各不相同，所使用的成型方法也是多种多样的。传统陶瓷最基本的成型方法，可以分为可塑法和注浆法。

（1）可塑成型

利用泥料的可塑性，将泥料塑造成各种各样形状坯体的工艺过程，叫作可塑成型。日用陶瓷可塑成型的基本方法有：旋坯成型、滚压成型、挤压成型、拉坯成型、雕塑与印坯成型等，以下做简要介绍。

① 旋坯成型。将泥料摋入旋坯机上旋转着的石膏模中，再利用样板刀的挤压力和刮削作用将坯泥成型于模型工作面上［图4-5（a）］。模型有阴模、阳模之分。如以盘坯为例，多使用阴模成型。依据石膏模型内壁为工作面，赋予坯体下部和底部形状。由此两相配合，即制成一个坯体。型刀与模型工作面之间的距离就是毛坯的厚度。

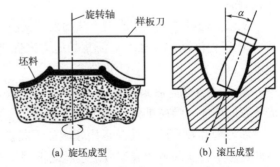

图4-5　旋坯成型和滚压成型示意图

② 滚压成型。从旋坯成型发展而来，是把旋坯成型中的型刀改为滚压头。滚压头和模型各自绕定轴转动，将投放在模型内的塑性泥料延展压制成坯体，而坯体的外形和尺寸完全取决于滚压头与模面所形成的空腔［图4-5（b）］。滚压法分为阳模滚压和阴模滚压。阳模滚压是用滚头来决定坯体阳面（外表面）的形状及大小，适用于成型扁平、宽口器皿和坯体内表面有花纹的产品。阴模滚压是用滚头来形成坯体的内表面，它适用于成型口径较小且深凹的制品。

③ 挤压成型。一般是将真空炼制的泥料，放入挤压机的挤压筒内，在挤压筒的一头可对泥料施加压力，另一头装有挤嘴即成型模具，通过更换挤嘴能挤出各种形状的坯体。也有将挤嘴直接安装在真空炼泥机上，成为真空炼泥挤压机，挤出的制品性能更好。挤压机适合挤制棒状、管状（外形可以是圆形或多边形，但上下尺寸大小一致）的坯体，然后待晾干再切制成所需长度的制品。一般常用于挤制 $\Phi 1 \sim \Phi 30mm$ 的管、棒制品，壁厚可小至0.2mm。挤压成型法对泥料要求较高：要求粉料较细，外形圆润；溶剂、增塑剂、黏合剂等用量应适当，同时泥料必须高度均匀。

④ 拉坯成型。也可称为手工拉坯，是古老的手工成型方法。它是在转动着的辘轳上进行操作的。不用模型，由操作者手工控制成型，多用以制作碗、盆、瓶、罐之类的回转体器皿。拉坯时要求坯料的屈服值不太高，延伸变形量要大，即坯泥既有"挺劲"，又能自由延展。

⑤ 雕塑与印坯。都是比较古老的成型方法。雕塑基本上是靠手工和简单的工具制作，通过刻、划、镂、雕、堆塑等各种技法进行美化，产生造型姿态独特的陶瓷产品，一般用于制作人物、鸟兽、花卉、景物等艺术陈设瓷，其生产效率很低，但其手工艺性较高，有独特的艺术鉴赏价值。印坯是以手工将可塑性软泥在模型中翻印成型或印出花纹，结合黏接法，将印成的几件局部半成品粘到一起，组成一个完整的坯体。印坯有时也作为附件和其他成型方法做出的主体配合使用。它的最大优点是可以不投入设备，但是要解决好坯裂、变形等常见技术缺陷。

（2）注浆成型

注浆成型是陶瓷成型中的一种基本方法，其成型工艺简单，即将制备好的坯料泥浆注入多孔性模型内，由于多孔性模型的吸水性，贴近模壁的泥浆被模型吸水形成均匀的泥层；随时间的延长，当泥层厚度达到所需尺寸时，可将多余的泥浆倒出，留在模型内的泥层继续脱水、收缩，并与模型脱离，出模后即得制品生坯。图4-6所示为基本的两种注浆成型流程示意图。注浆成型适用于形状复杂、不规则、薄壁、体积大且尺寸要求不严格的陶瓷制品。

从以上两种基本注浆成型方法出发，又研究改进出一些与此类似的注浆方法。

① 压力注浆。以加大对泥浆的压力来促进泥浆中水分向模型的扩散，从而加快成型速度，这种方法用于实心注浆较多。

② 离心注浆。在旋转状态下进浆。泥浆由于受离心力的作用，能较快地紧靠模壁形成致密的坯体，颗粒排列、坯体厚度都比较均匀，成型过程缩短，制品质量提高。

随着陶瓷技术的发展及运用领域的不断扩大，人类开发了各种具有先进功能的陶瓷，在此过程中，一些新的成型方法也随之被用于制作工业用陶瓷部件。常用的先进陶瓷成型方法主要有干压成型法、流延成型法、注射成型法、注凝成型法以及无模成型法等。

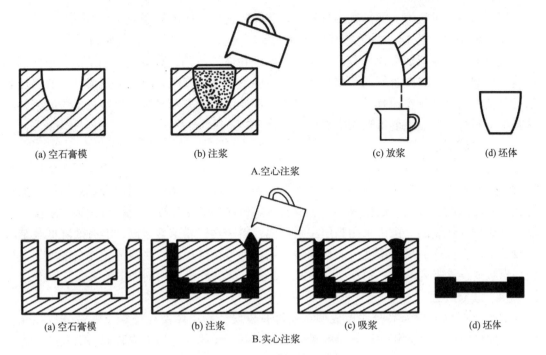

(a) 空石膏模   (b) 注浆   (c) 放浆   (d) 坯体

A.空心注浆

(a) 空石膏模   (b) 注浆   (c) 吸浆   (d) 坯体

B.实心注浆

图4-6 陶瓷注浆成型示意图

（1）干压成型

干压成型又称模压成型，是将经过造粒后流动性好、颗粒级配合适的粉料，装入金属模腔内，通过压头施加压力，压头在模腔内位移，传递压力，使模腔内粉体颗粒重排变形而被压实，形成具有一定强度和形状的陶瓷素坯。

干压成型可以分为单向加压、双向加压。其中，双向加压又分为双向同时加压和双向先后加压，双向先后加压是指两面的压力先后加上，由于先后分别加压，压力传递比较彻底，有利于气体排出，而且作用时间较长，因此，制成的坯体密度比其余两种更均匀。

干压成型工艺简单，成型效率高，成型周期短，操作简单，便于实行自动化生产；制成的坯体密度大，尺寸精确，收缩率小，机械强度较高，电性能好。但成型制品尺寸偏差小，成本较高，适宜制备各种截面厚度较小的陶瓷制品，如陶瓷密封环、阀门用陶瓷阀芯、陶瓷衬板、陶瓷内衬等。

（2）流延成型

流延成型是指在陶瓷粉料中加入溶剂、分散剂、黏结剂、增塑剂等成分，得到分散均匀的稳定浆料，在流延机上制得所需厚度薄膜的一种成型方法。流延成型是薄片陶瓷材料的一种重要成型方法，由于具有设备简单、可连续操作、生产效率高、坯体性能均一等特点，已成为制备大面积、超薄陶瓷基片的重要方法，是生产多层电容器和多层陶瓷基片的支柱技术，也是生产电子元件的必要技术。

按浆料选用的溶剂及有机添加物的差异，流延成型分为有机流延体系和水基流延体系。有机流延体系具有浆料黏度低，溶剂挥发快，干燥时间短，所得生坯结构均匀，表面平整，强度高、柔韧性好等优点。但由于采用有一定毒性的有机溶剂，对人的健康和自然环境危害较大，且成本较高。水基流延体系具有无污染、绿色环保的优点，但可溶于水的分散剂和黏结剂种类少，效果较差，同时还存在水溶剂的表面张力大、对粉料的浸润性差、容易产生大量气泡、除气较困难及干燥和脱脂过程中坯体易变形开裂等缺点。

流延成型制备过程主要包括浆料制备、流延成型、生坯干燥、脱脂以及烧结几个环节。流延成型的浆料成分比较复杂，主要由陶瓷粉体、溶剂、分散剂、黏结剂、塑性剂和其他添加剂组成。将配置好的浆料静置一段时间后，在流延机上进行流延成型，通过控制刮刀与基板的高度调整流延速度，可流延出不同厚度的陶瓷流延膜。将经过干燥的浆料膜从基板上剥落下来，就能得到陶瓷素坯。

（3）注射成型

注射成型方法采用了塑性材料在压力下注射成型的原理。在成型过程中需要使用热塑性材料，陶瓷注射成型工艺主要步骤如下：将陶瓷粉体与热塑性材料混合成热熔体，然后将其注射入温度相对较低的模具中，等混合热熔体在模具中冷凝固化，将其顶出脱模，就能得到成型坯体制品。由于采用高压注射，混合料中陶瓷粉末含量高，能有效降低烧结时的收缩率，提高产品尺寸精度。而且成型工艺过程可精准控制，生成的坯体密度均匀，可成型形状复杂，带有横孔、斜孔、凹凸面、螺纹、薄壁或难以切削加工的陶瓷异形件。

（4）注凝成型

注凝成型也被称为凝胶注模成型，是将有机聚合物单体及陶瓷粉末颗粒分散在介质中，制成低黏度、高固相体积含量的粉体——溶剂悬浮体，并加入交联剂、引发剂及催化剂，然后将这种悬浮体（浆料）注入非多孔模型中，在温度和催化剂的作用下使有机单体交联聚合成三维网络状聚合物凝胶，并将陶瓷颗粒原位固化成型，然后进行脱模、干燥、去除有机物、烧结，最后得到所需的陶瓷部件。

按溶剂介质的差异，注凝成型分为非水基注凝成型和水基注凝成型两种。非水基注凝成型所使用的介质为有机溶剂，适合于遇水反应的陶瓷颗粒的成型。水基注凝成型以水作为介质，工艺操作简单、材料成本低并且利于环保。

注凝成型工艺包括浆料制备、注模成型、脱模干燥和制品烧成四个过程。首先将陶瓷粉体与含有交联剂、分散剂和有机单体的溶液混合，利用真空球磨排除浆料中的气泡，降低悬浮液黏度，制备出低黏度高固相的浓悬浮液。在悬浮液加入引发剂后将其浇注到模具中，在引发剂的作用下，悬浮液内陶瓷颗粒原位固化，形成湿坯。在一定的温度、湿度下，经过干燥、脱模，形成陶瓷素坯，再将干坯排胶、烧结，得到致密的陶瓷部件。

（5）无模成型

陶瓷无模成型是直接利用计算机辅助设计（CAD）的设计结果，通过计算形成可执行的像素单元文件，然后通过类似计算机打印输出设备将要成型的陶瓷粉体快速形成实际像素单元（尺寸可小至微米级），一个一个单元叠加的结果即可直接成型所需要的三维立体构件。无模成型方法主要有熔融沉积成型、三维打印成型、分层实体成型、立体光刻成型和激光选取烧结成型等。

4.1.4 陶瓷表面装饰

对于陶瓷设计艺术来说，除器形之外，装饰是赋予作品更高的审美价值的重要手段，是其艺术性的重要因素。

陶瓷装饰一般在坯胎成型后进行，匠师们根据不同时代不同地域不同人物的审美需要进行装饰绘纹，方法多种多样，其技法有化妆土装饰、划花、刻花、贴花、印花、剔花、镂空、彩绘、雕塑等。

① 化妆土装饰。是指用上好的瓷土加工调和成泥浆，施于质地较粗糙或颜色较深的瓷器坯体表面，起瓷器美化作用的一种装饰方法。化妆土的颜色有灰色、浅灰色、白色等。施用化妆土可使粗糙的坯体表面变得光滑、平整，坯体较深的颜色得以覆盖，釉层外观显得美观、光亮、柔和滋润。

② 划花。是在半干的器物坯体表面以竹、木、铁杆等工具浅划出线状花纹，然后施釉或直接入窑焙烧。划花手法灵活、线条自然、纤巧、整体感强。

③ 刻花。是在尚未干透的器物坯体表面以铁刀等工具刻制出花纹，然后施釉或直接入窑焙烧。刻花的刀法分为"单入侧刀法"和"双入正刀法"，前者刀锋一侧深，一侧浅，截面倾斜；后者刀锋两侧垂直，刻花线条有宽有窄，转折变化多样，兼有线和面的艺术效果，整体感强。

④ 贴花。又称"模印贴花""塑贴花"，是将模印或捏塑的各种人物、动物、花卉，铺首等纹样的泥片用泥浆粘贴在已成型的器物坯体表面，然后施釉入窑焙烧。贴花纹样生动、逼真，具有较强的立体感。

⑤ 印花。是将有花纹的陶瓷质料的印具，在尚未干的器物坯体上印出花纹，或用有纹样的模子制坯，直接在坯体上留下花纹，然后入窑或施釉入窑烧制。

⑥ 剔花。是先在器物表面施釉或施化妆土，并刻画出花纹，然后将花纹部分或纹样以外的釉层或化妆土层剔去，露出胎体，施化妆土的部分罩以透明釉。器物烧成后，釉色、化妆色与胎体形成对比，花纹具有浅浮雕感，装饰效果颇佳。

⑦ 镂空。也叫"镂雕""透雕"。在器物坯体未干时，将装饰花纹雕通，然后施釉或直接入窑烧制，镂空的纹样一般较为简单，多为三角形、圆孔、四边形等几何形图案。

⑧ 彩绘。即用毛笔蘸各种颜料，在陶瓷器上绘制纹饰。彩陶上的彩绘是在器物坯体或涂施陶衣的坯体上绘画花纹，入窑一次烧成。彩绘陶则是在烧成的陶器上绘画。彩绘瓷器有釉下彩绘和釉上彩绘之分，釉下彩绘是用颜料在坯体上绘画花纹，然后施釉入窑经高温一致烧成；釉上彩一般是以颜料在施釉后高温烧过的器物釉面上绘画，然后入窑以600～900℃的低温烘烧。

⑨ 雕塑。是将以手捏或模制的立体人物、动物、亭阙等密集而又有规律地粘贴在器物坯体上，然后直接或施釉入窑烧制。

4.1.5 产品设计常用的陶瓷

传统的陶瓷产品主要是满足日用器皿和建筑材料的需要，并随着人类社会科学技术水平的不断提高，近代材料科学对发展又出现了各种技术陶瓷和功能陶瓷，如建筑卫生、陶瓷电器陶瓷、电子陶瓷、化工陶瓷、纺织和高温陶瓷、人工晶体及特种功能材料等。其用料和制作工艺已超出传统陶瓷的范畴。

（1）传统陶瓷

① 建筑陶瓷。包括瓷质砖、锦砖（马赛克）、细炻砖、仿石砖、彩釉砖、琉璃砖和釉面砖等。产品具有良好的耐久性和抗腐蚀性，其花色品种及规格繁多（边长在5～100cm），主要用作建筑物内、外墙和室内外地面的装饰。

② 卫浴陶瓷。包括洗脸器、便器、淋浴器、洗涤器、水槽等。该类产品的耐污性、热稳定性和抗腐蚀性良好，具有多种形状、颜色及规格，且配套齐全，主要用作卫生间、厨房、实验室等处的卫生设施。除此之外，还有陶瓷浴缸等卫浴产品（图4-7）。

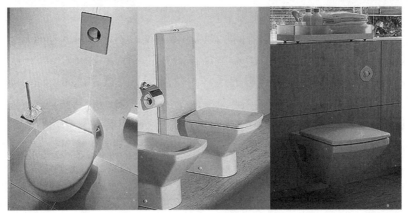

图4-7　卫浴陶瓷

③ 美术陶瓷。包括陶塑人物、陶塑动物、微塑、器皿等。美术陶瓷造型生动、传神，具有较高的艺术价值，款式及规格繁多（图4-8）。主要用作室内艺术陈设及装饰，并为许多收藏家所珍藏。

图4-8　陶瓷装饰品

④ 园林陶瓷。包括中式、西式琉璃制品及花盆等。产品具有良好的耐久性和艺术性，并有多种形状、颜色及规格，特别是中式琉璃的瓦件、脊件、饰件配套齐全，用作园林式建筑的装饰。

⑤ 烹饪陶瓷。包括细炻餐具、陶质砂锅及陶瓷水壶等，烹饪用陶瓷热稳定性好，基本没有铅、镉溶出（图4-9）。

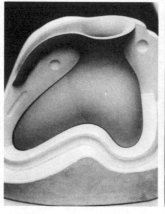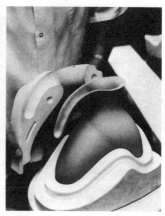

图4-9 陶瓷水壶及其模具

⑥ 陶瓷茶具。茶文化在中国历时悠久，茶具作为饮茶器具成为器皿设计中重要的部分。传统茶具一般都是陶瓷制品，优秀的茶具设计能代表地域饮茶文化和其他文化特色（图 4-10）。

(a) 紫砂壶　　　　　　(b) 青瓷茶具　　　　　　(c) 白瓷茶具

图4-10 陶瓷茶具

（2）先进陶瓷材料

① 结构陶瓷。结构陶瓷具有优异的特性，具备高强度、高硬度、高弹性模量、耐高温、耐磨损、耐腐蚀、抗氧化、抗热震等特性，因而可以取代昂贵的超高合金钢或被应用到金属材料无法胜任的场合，如发动机气缸套、轴瓦、密封圈、陶瓷切削刀具等。结构陶瓷可分为：氧化物陶瓷、非氧化物陶瓷。

a. 氧化物陶瓷。氧化物陶瓷是指由一种或数种氧化物制成的陶瓷，主要包括氧化铝陶瓷、氧化镁陶瓷、氧化铍陶瓷、氧化锆陶瓷、氧化锡陶瓷、二氧化硅陶瓷和莫来石陶瓷。

氧化物陶瓷最突出优点是不存在氧化问题。氧化铝和氧化锆具有优异的室温机械性能，高硬度和耐化学腐蚀性；其主要缺点是在 1000℃以上高温蠕变速率高，机械性能显著降低。氧化铝和氧化锆主要应用于陶瓷切削刀具、陶瓷磨球、高温炉管、密封圈和玻璃熔化池内衬等。氧化铍陶瓷具有良好的核性能，对中子减速能力强，可用作原子反应堆中子减速剂和防辐射材料。氧化锡陶瓷的热膨胀系数小，导热系数高，高温热稳定性好，可以作为高温导热材料；由于其高温时的导电率高，还可以作高温导电材料。莫来石陶瓷室温强度属中等水平，但它在 1400℃仍能保持这一强度水平，并且高温蠕变速率极低，因此被认为是陶瓷发动机的主要候选材料之一。

b. 非氧化物陶瓷。主要包括碳化物陶瓷（图 4-11）、氮化物陶瓷、硅化物陶瓷和硼化物陶瓷等。同氧化物陶瓷不同，非氧化物陶瓷原子间主要是以共价键结合在一起，因而具

图4-11　碳化硅泡沫陶瓷

有较高的硬度、模量、蠕变抗力，并且能把这些性能的大部分保持到高温，这是氧化物陶瓷无法比拟的。碳化硅陶瓷由于具有极佳的高温耐蚀性和抗氧化性，一直是陶瓷发动机的最重要材料，目前已经取代了许多超高合金钢部件。赛隆陶瓷是碳化硅固溶体陶瓷的总称，是高温结构陶瓷，在军事工业、航空航天工业、机械工业和电子工业方面具有广泛的应用前景。赛隆陶瓷还可以制作透明陶瓷，如高压钠灯灯管、高温红外测温仪窗口；此外，它还可以用作生物陶瓷，制作人工关节等。

② 功能陶瓷。功能陶瓷是指具有一定特殊声、光、电、磁、热等物理、化学性能的陶瓷材料。功能陶瓷因其原材料、制备方法的多种多样而具有不同的功用，形成不同种类。按照其化学组成也可分为氧化物陶瓷和非氧化物陶瓷。

氧化物陶瓷是用高纯的天然原料经化学方法处理后制成，在集成电路基板和封装等电子领域应用最多的首推氧化铝（Al_2O_3），其次是氧化锆（ZrO_2）、氧化镁（MgO）、氧化铍（BeO）、氧化钍（ThO_2）、氧化铀（UO_3）等。它们的烧结性能好，但热强性（蠕变抗力）较差。

非氧化物陶瓷是用产量少的天然原料或自然界没有的新的无机物人工合成的，其中多数能克服以往多陶瓷固有的脆性，作为超越金属功能界阶的新材料。它们主要有碳化硅（SiC）、氮化硅（Si_3N_4）、碳化锆（ZrC）、硼化物等。这些陶瓷具有良好的特性，例如，高温强度、高抗氧化、抗热腐蚀等。

因为功能陶瓷应用的范围广、场合多，按材料的功能可以把其分为许多类。

a. 光功能陶瓷（荧光、透光、反光、偏振光等功能陶瓷）。

b. 电功能陶瓷（绝缘、导电、压电、超导等功能陶瓷，表4-2）。

c. 磁功能陶瓷（磁性、磁光等）。

d. 敏感性陶瓷（热敏、气敏、湿敏、压敏、色敏等陶瓷）。

e. 生物化学陶瓷（生物医学陶瓷、催化陶瓷、耐腐蚀性陶瓷、吸附陶瓷）、核反应陶瓷（吸水中子陶瓷、中子减速陶瓷）等。

其他的新型特种陶瓷还有陶瓷复合材料、多孔陶瓷、生物陶瓷等。

表4-2　电功能陶瓷分类及应用

种类	典型陶瓷材料	制品应用范围
装置瓷	滑石瓷、氧化铝瓷、刚玉-莫来石瓷、镁橄榄石瓷、氮化硅瓷等	装置零件、小容量电容器、电真空器件
电容器陶瓷	全红石瓷、钛酸钡瓷等	各种电容器
铁电、压电陶瓷	钛酸钡、钛酸铅、锆钛酸铅、锆钛酸铅镧、铌系、铋系、无铅瓷等	电容器、贮能器、压电器件、电光、热释电和声光器件等
半导体陶瓷	钛酸钡、氧化锌、硫化镉、氧化钛—氧化铝—氧化镧、氧化钨—氧化镧—氧化镉、氧化锆瓷等	热敏电阻、压敏电阻、低压大容量电容器和气敏、嗅敏、触敏等敏感元件
导电陶瓷	氧化锆、氧化锆—氧化钙、氧化锆—氧化铈、型氧化铝、铬酸镧等	燃料电池、钠-硫电池、磁流体发电机所用的高温固体导电元件等
磁性陶瓷（或铁氧体）	锰锌铁氧体、镍锌铁氧体、镁锰铁氧体、铋钙钒铁氧体、钡铁氧体等	电感元件、变压器磁芯、天线磁棒、记忆磁芯、吸收壁材料、电声元件等

4.1.6 陶瓷产品设计案例

（1）多功能陶瓷应用案例

陶瓷具有防火、耐腐蚀、耐老化、强度高和美观等优点，通过适当处理，还能增加诸如抗菌、自洁、保温、隔热、防静电等功能（图4-12）。例如，在釉料中添加银系抗菌剂或氧化锌、氧化锡等的金属离子溶出型抗菌、自洁陶瓷可用于制造卫浴产品；在北方地区采用气孔率和气孔大小与分布可控的低导热系数陶瓷墙砖和地砖可以提高室内保温效果，而南方地区的建筑外墙采用釉面含金属铝或其他高反射率材料的陶瓷墙砖，则可以减少对太阳光能量的吸收，在夏季能保持室内较为凉爽；在陶瓷中引入导电材料，可以制备防静电陶瓷，被广泛用于服务器机房、纺织工业、集成电路制造等领域的地面建筑材料。

(a) 抗菌陶瓷卫浴洁具　　　　　(b) 防静电陶瓷地砖

图4-12　多功能陶瓷应用案例

（2）陶瓷厨房产品

① 陶瓷刀具。陶瓷刀具大多以氧化锆为原料，以氧化锆＋氧化铝粉末用模具压制成刀坯，用2000℃高温烧结，经金刚石打磨制成成品陶瓷刀具（图4-13）。陶瓷刀具硬度高（莫氏硬度能达到9），刀刃锋利，不易磨损，耐磨性是传统金属刀具的60倍，不会生锈变色。刀体密度高，无毛细孔，易清洗，不会残留污垢。刀体化学稳定性好，可耐各种酸碱有机物的腐蚀，无金属离子溶出，健康环保；而且切割食品时不会与食物发生任何反应，无金属味残留，能保持食品的原色、原味，是人类对环保健康的高品质生活的追求。

(a) 厨房陶瓷刀具　　　　　(b) 工业用陶瓷切割刀具

图4-13　陶瓷刀具

陶瓷刀具种类较多，除了日常生活中常见的厨房刀具，还有各种工业用刀具，新型陶瓷材料体现了人类对绿色环保理念的追求。

② 陶瓷类厨房小家电。陶瓷类厨房小家电是指以耐酸碱腐蚀、易清洗、不串味、能长时间保鲜食物的陶瓷材料为主要部件，结合现代厨房小家电技术，用于食物烹调加工的新兴厨房电子产品（图4-14）。中国人具有使用陶瓷制品的传统，同时，陶瓷材料有非常

好的耐酸碱腐蚀性，溶出物水平也远低于金属材料，对持久保持食物营养成分及新鲜程度非常有利，能减少对人体健康的不利影响，更符合"绿色环保、健康生活"的发展理念。此外，陶瓷材料在烹饪过程中受热均匀，较金属材料而言能较大程度地降低对食物营养结构的破坏。因此，陶瓷材料在厨房小家电产品中的应用前景十分广阔。

③陶瓷电子产品。

a. 陶瓷手机。智能时代的手机造型简洁，材质美感是设计加分项，相比于塑料或金属材料，陶瓷拥有独特的质感和使用体验。陶瓷材质具有高硬度、耐划、光泽剔透、手感温润等独特的优势，不少手机品牌已引入陶瓷材料制造手机壳体。

(a) 陶瓷内胆电饭锅　　　　　(b) 陶瓷柠檬榨汁机　　　　　(c) 陶瓷电炖锅

图4-14　陶瓷厨房小家电

图4-15　小米陶瓷外壳手机

小米 MIX2 Unibody（图 4-15）采用全陶瓷机身，使用仅次于蓝宝石硬度的微晶锆陶瓷为坯料，干压成型后，再用 1400℃高温烧结 7 天，而后使用钻石粉打磨液打磨抛光。机身外观极致纯粹，摸起来却浑如凝脂，是极简设计与精密陶瓷工艺的完美融合。在使用时，由于陶瓷材质的防指纹的功能，能够使手机外观一直保持陶瓷材质所拥有的无瑕、明亮、洁净的美感。

除了制作手机外壳，陶瓷材料在 5G 时代还能发挥更大的作用，微波介质陶瓷将成为制作滤波器的关键材料，例如陶瓷介质滤波器品质因数高、选频特性好、工作频率稳定性好、插入损耗小，是未来 5G 的重要的解决方案。

b. 陶瓷音响。从声学性能上看，由于陶瓷材料的硬度能够强化声音的频率，因此陶瓷是用来做扩大声音的好材料。采用陶瓷材质后能改进扬声器的声学性能，能让音色表现得更加自然、和谐、圆润。Science and Sons 推出的 Phonofone 音响（图 4-16），整体由陶瓷制成，造型为复古留声机风格，利用共振原理将 Ipod 耳机（Phonofone Ⅱ）或者 Iphone 手机（Phonofone Ⅲ）播放的音乐放大到 55 ～ 60dB，以满足小环境的扩音需求。该音响整体设计无须外置电源，也不用安装电池，只要将 IPod 耳机或 Iphone 手机放入对应的插孔，按下播放键，便会有美妙的音乐从陶瓷音响中缓缓流出。Phonofone 的设计亮点便是利用陶瓷材料本身的声学功能特性，使得产品不仅具有环保节能的特点，更能让使用者产生怀旧情怀。

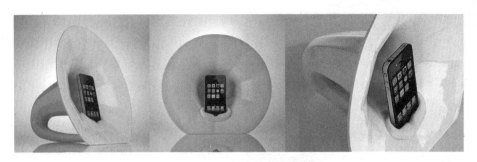

图4-16　Phonofone III 陶瓷音响

　　随着陶瓷技术的发展和设计师对材料的创新运用，陶瓷材料越来越多地被运用到电子产品设计中，如陶瓷优盘等。在电子产品设计中使用陶瓷材料不仅可以给产品带来全新阐释，还能给予陶瓷材料新内涵，展现出陶瓷材质的多面性，既可以从视觉上传递陶瓷的材质美感，又可扩展产品的功能，传递丰富的人文情怀。

　　c.陶瓷手表。传统的手表多以不锈钢、铜、贵金属等作为制造原料，但这些材料硬度低、耐磨性差，在佩戴过程中极易出现划痕，从而影响手表的外观效果。用结构陶瓷作为替代材料制造表链、表壳，是高科技陶瓷在民用领域的最早应用之一（图4-17）。利用结构陶瓷硬度高、耐磨等特性生产的结构陶瓷手表，不会被划伤，永不褪色，结构陶瓷材料抛光后所特有的半透明质感，不论从视觉还是触觉上，都更具有轻盈通透和亲近感，更能彰显手表的价值与品位。

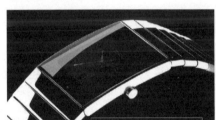

图4-17　陶瓷手表

4.2　玻璃材料

4.2.1 玻璃材料概述

　　玻璃是一种质地硬而脆的透明物体，没有固定的熔点，一般用多种无机矿物（如石英砂、石灰石、纯碱等）混合后，在高温下熔化、成型、冷却后制成，其主要成分为二氧化硅。玻璃在中国古代也被称为琉璃、药玉、瓘玉，明清时期也被称为料。

　　玻璃已经成为现代人们日常生活、生产、科学研究中不可缺少的一类材料，并且它的应用范围还在日益扩大。这是因为玻璃透光性好，化学性能稳定，而且具有良好的可加工性能，可进行切、磨、钻等机械加工和化学处理等。玻璃的制造原料在地壳上分布很广，特别是二氧化硅（SiO_2）蕴藏量极为丰富，而且价格便宜。在建筑工业中，大量应用窗玻璃、夹丝玻璃、空心玻璃砖、玻璃纤维制品、泡沫玻璃等；交通运输部门大量使用钢化玻

图4-18　玻璃制品

璃、磨光玻璃、有色讯号玻璃等；化工、食品、石油等工业部门，常常使用化学稳定性和耐热性优良的玻璃；日常生活中所使用的玻璃器皿、玻璃瓶罐、玻璃餐具等更为普遍（图4-18）。

在科学技术部门以及国防领域中则广泛应用光学玻璃。不同种类的玻璃用途各不相同，如电真空玻璃可以用来制造电子管、电视荧光屏以及各种照明灯具；玻璃纤维和玻璃棉可制成玻璃钢、隔热材料及电绝缘材料。随着 X 射线技术、近代原子能工业的发展和宇宙空间技术的发展，各种新型的特种玻璃不断出现。

4.2.2 玻璃材料性能

玻璃的构成原料及加工过程决定了一般玻璃的基本性能。

① 强度。玻璃是一种脆性材料，因此抗张强度较低，而其抗压强度约为抗张强度的十几倍。

② 硬度。玻璃的硬度较大，它比一般金属硬，不能用普通刀具进行切割。可以根据玻璃的硬度选择磨料、磨具及加工方法。

③ 光学特性。玻璃具有高透明性，具有感光能力，具有吸收或透过紫外线、红外线等重要光学性能。

④ 电学性能。常温下玻璃是电的不良导体。而温度升高时，玻璃的导电性迅速提高，熔融状态时变为良导体。

⑤ 热性质。玻璃是热的不良导体，一般承受不了温度的急剧变化。制品越厚，承受温度急剧变化的能力越差。

⑥ 化学稳定性。玻璃的化学性质较稳定。玻璃的耐酸腐蚀性较高，而耐碱腐蚀性较差。一般玻璃长期受大气和雨水的侵蚀，会在表面产生磨损，失去表面的光泽。

4.2.3 玻璃材料分类

根据玻璃的组成成分和玻璃的特性与用途，可对玻璃作如下分类，如表4-3、表4-4所示。

表4-3　按组成玻璃的化学成分分类

种类名	主要成分	特性	熔融温度/℃	操作温度/℃	用途
碳酸钠石灰玻璃	SiO_2、Na_2O、CaO	用途广泛、微溶于水	约1400	约1200	平板玻璃、餐具、器皿
碳酸钠石灰铝玻璃	SiO_2、CaO、Na_2O、Al_2O_3	难溶于水			啤酒瓶、酒瓶
铅玻璃	SiO_2、K_2O、ZnO	较软、易溶、比重大、屈折率大、有金属的响声	约1300	约1100	光学用玻璃、装饰用玻璃

种类名	主要成分	特性	熔融温度/℃	操作温度/℃	用途
钾石灰玻璃	SiO_2、K_2O、CaO	具有较强的机械性能、耐腐蚀、屈折率大	—	—	光学用玻璃、人造宝石、化学用玻璃
硼酸硅玻璃	SiO_2、Na_2O、CaO、Al_2O_3、B_2O	膨胀率小、耐热耐酸、绝缘性好	约1500	约1300	电真空管用玻璃、光学用玻璃、化学用玻璃、安瓿玻璃
碳酸钡玻璃	SiO_2、Na_2O、BaO、CaO	易溶、比重大	—	—	光学用玻璃
石英玻璃	SiO_2	膨胀率小、耐热	—	—	电器玻璃、化学用玻璃

表4-4　按玻璃的特性和用途分类

类型	特性及用途
容器玻璃	具有一定的化学稳定性、抗热震性和一定的机械强度，能够经受装罐、杀菌、运输等过程；可用作盛放饮料、食品、药品、化妆品等
建筑玻璃	具有采光和防护功能，应该具有良好的隔音、隔热和艺术装饰效果；可用作建筑物的门、窗、屋面、墙体及室内外装饰
光学玻璃	无杂质、无气泡，对光线有严格的折射、反射数据要求；用作望远镜、显微镜、放大镜、照相机及其他光学测量仪器的镜头
电真空玻璃	具有较高的电绝缘性和良好的加工、封接气密性能；可做灯泡壳、显像管、电子管等
泡沫玻璃	气孔占总体积的80%～90%，具有比重小、隔热、吸声、强度高等优点，可采用锯、钻、钉等机械加工；应用于建筑、车辆、船只的保温、隔音、漂浮材料
光学化纤	直径小，工艺要求高；用于传输光能、图像、信息的光缆等
特种玻璃	具有特殊用途；如半导体玻璃、激光玻璃、微晶玻璃、防辐射玻璃、声光玻璃、磁性玻璃等

4.2.4 玻璃材料工艺

玻璃制品的生产工艺流程包括配料、熔制、成型、热处理及二次加工等流程。

（1）配料

制造玻璃的原料可以分为主要原料和辅助原料。主要原料系指玻璃中引入的各种组成氧化物的原料，如石英砂、砂岩、石灰石、长石、纯碱、硼酸、铅化合物、钡化合物等，它们在熔制后转变成为玻璃；辅助原料是加速熔制过程或使玻璃获得某些必要性质的原料，用量少，根据所起作用的不同，可分为澄清剂、着色剂、脱色剂、乳浊剂、氧化剂、助熔剂等。

（2）熔制

将配料经高温加热制成符合成型要求的玻璃液的过程称为玻璃熔制。

玻璃的熔制过程可以分为 4 个阶段。

① 硅酸盐的形成：普通器皿玻璃是由硅酸盐组成的。当配合料受热时，在其中发生各式各样的物理化学变化，这些变化的结果，生成了硅酸盐熔体。

② 玻璃的形成：随着温度继续升高（1200℃左右），各种硅酸盐开始熔融，同时未熔化的砂粒和其他颗粒也被全部熔解在硅酸液熔融体中而成为玻璃液，这一过程称为玻璃态的形成过程。

③玻璃液的澄清和均化：在玻璃形成阶段，所形成的熔融体很不均匀，而且含有大量的气泡，所以必须进行澄清和均化。所谓澄清就是从玻璃液中除去可见气泡的过程，而均化的目的则是通过对流扩散、质点运动和放出气泡的搅拌作用，以使玻璃液达到均匀。

④玻璃液冷却：冷却是玻璃熔制过程中的最后一个阶段。经过澄清的玻璃液温度很高（1400℃左右），但这时玻璃液的黏度较低，不适合玻璃制品的成型需要，必须将玻璃液冷却，使其温度降到200～300℃，以增加黏度，使其适合于制品的成型操作。

（3）成型

玻璃的成型，是熔融的玻璃液转变为具有固定形状制品的过程。玻璃成型的主要方法在下文介绍。

（4）热处理

玻璃制品在生产过程中，经受剧烈、不均匀的温度变化时，玻璃制品内部会产生热应力，降低制品的强度和热稳定性。因此玻璃制品成型后都要经过热处理，包括退火和淬火。

①退火：消除或减小制品内部的热应力，还可使内部结构均匀。高温成型或热加工的制品，若不经退火令其自然冷却，很可能在成形后的冷却、存放以及机械加工的过程中自行破裂。

②淬火：在玻璃表面形成一个有规律、均匀分布的压力层，提高玻璃制品的机械强度及热稳定性。

（5）二次加工

成型后的玻璃制品，除了极少（如瓶罐等）能直接符合要求外，大多还需进行二次加工，以得到符合要求的制品。二次加工可以改善玻璃的外观与表面性质，还可进行装饰。

①冷加工。在常温下，通过机械方法来改变玻璃制品的外形和表面状态的过程。冷加工的基本方法为：研磨抛光、切割、喷砂、钻孔和切削。

②热加工。利用玻璃受热后呈塑性状态，制成各种工艺品或有特殊要求的制品的过程。玻璃与玻璃、玻璃与各种金属材料的封接是通过热加工实现的。

③表面处理（表面装饰）玻璃的表面处理是对玻璃成型加工后为了获得所需的表面效果而做的处理。表面处理的目的包括消除表面缺陷以及形成特殊效果的表面装饰（主要方法在下文介绍）两个方面。

为消除表面缺陷采用的处理方式包括：

研磨：指磨除玻璃制品表面缺陷或成型后残存的凸出部分。

抛光：用抛光材料消除玻璃表面在研磨后仍残存的缺陷，获得光滑平整的表面。

磨边：磨出玻璃边缘棱角和磨去粗糙截面。

4.2.5 玻璃材料成型

常见的玻璃成型方法有：压制成型、吹制成型和拉制成型。

（1）压制成型

压制成型是在模具中加入玻璃熔料后加压成型。一般用于加工容易脱模的造型，如较为扁平的盘碟和形状规整的玻璃砖（图4-19）。

（2）吹制成型

吹制成型是先将玻璃粘料压制成雏形型块，再将压缩气体吹入热熔融的玻璃型块中，吹胀使之成为中空制品。这样的加工方法用于加工瓶、罐等形状的器皿（图4-20）。

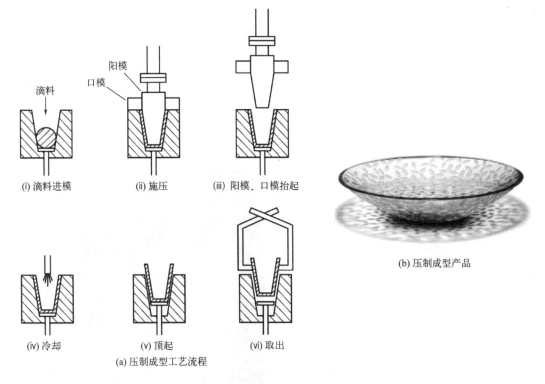

(i) 滴料进模　　(ii) 施压　　(iii) 阳模、口模抬起

(iv) 冷却　　(v) 顶起　　(vi) 取出

(a) 压制成型工艺流程

(b) 压制成型产品

图4-19　玻璃压制工艺流程及产品

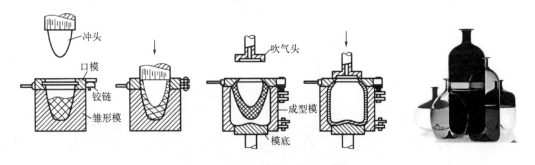

图4-20　玻璃吹制成型及产品

（3）拉制成型

拉制成型是利用机械拉引力将玻璃熔体制成制品，分为垂直拉制和水平拉制。主要用于加工平板玻璃、玻璃管、玻璃纤维等。这种方法在制造时精确的厚度和均匀度较难控制（图4-21）。

（4）压延成型

压延成型是利用金属辊的滚动将玻璃熔融体压制成板状制品。在生产压花玻璃、夹丝玻璃时使用较多。压花玻璃的理化性能基本与普通透明平板玻璃相同，仅在光学上具有透光不透明的特点，可使光线柔和，并具有隐私的屏护作用和一定的装饰效果（图4-22）。

（5）平板玻璃成型

平板玻璃成型方法主要有垂直引上法、平拉法、浮法及压延法等。随着科技的发展，产生了一些更加先进的成型加工方法。如浮法玻璃的加工：熔融玻璃从池窑中连续流入并漂浮在相对密度大的熔融金属锡液表面上，在重力和表面张力的作用下，玻璃液在锡液面上铺开、摊平。再经过一系列的处理，得到上下表面平整、互相平行、厚度均匀的优质平板玻璃。

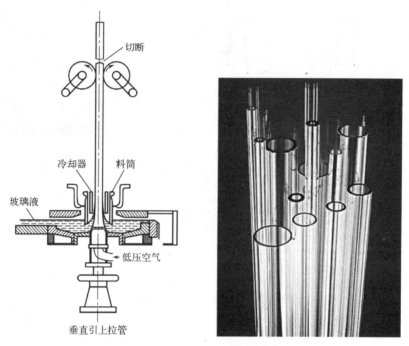

切断

冷却器　料筒

玻璃液

←低压空气

垂直引上拉管

图4-21　玻璃拉制成型及产品

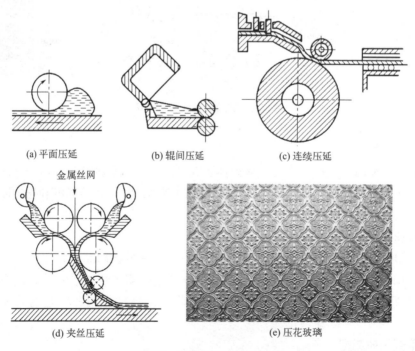

(a) 平面压延　　　　(b) 辊间压延　　　　(c) 连续压延

金属丝网

(d) 夹丝压延　　　　　(e) 压花玻璃

图4-22　玻璃压延成型及产品

4.2.6 玻璃表面装饰

玻璃装饰是对玻璃基片或坯体的表面进行加工处理，提升玻璃制品的审美价值或使其具备特定的属性。玻璃装饰的主要方法包括以下几种。

① 喷砂：通过喷枪用压缩空气将磨料喷射到玻璃表面，形成花纹。

② 车刻：用砂轮在玻璃制品的表面刻磨图案（图4-23）。

③ 蚀刻：先在玻璃表面涂敷石蜡等保护层并在其上刻绘图案，再利用化学物质（多用氢氟酸）的腐蚀作用，蚀刻所露出的部分，然后去除保护层，即得到所需图案。

④ 彩饰：利用彩色釉料对玻璃表面进行装饰。常见方法有：

a. 描绘——直接用笔蘸釉料进行涂绘。

b. 喷花——先制作所要图案的镂空型版，将其紧贴在玻璃制品表面，然后用喷枪喷出釉料。

图4-23　车刻玻璃产品

c. 贴花——用彩色釉料在特殊纸上印刷所需图案，再将花纸贴到制品表面。

d. 印花——采用丝网印刷用釉料在制品表面印出图案。

在进行完彩饰后，还要进行烧制，使釉料牢固地熔附在玻璃表面，并且使彩釉表面平滑、光亮、色彩鲜艳而持久（图4-24）。

图4-24　彩饰的玻璃产品

图4-25　表面镀膜玻璃样品

⑤ 玻璃覆膜：将一层或几层膜附着在玻璃上，既能起到修饰作用，还能改善玻璃的光学、热学、电学、力学或化学性能，提升玻璃制品的装饰性和功能性（图4-25）。

4.2.7 产品设计常用的玻璃

（1）中空玻璃

中空玻璃是将两片以上的平板玻璃用铝制空心边框框住，用胶结或焊接密封，中间形成自由空间，并充以干燥空气，具有隔热、隔音、防霜、防结露等优良性能，能在零下 25℃ 到零下 40℃ 条件下正常使用，是现代不可缺少的门窗构件，也是新兴的透明墙体材料。目前建筑节能已引起广泛重视，建筑物门窗的保温隔热是建筑节能的重要环节，因此，今后中空玻璃的使用将越来越广泛。

（2）夹层玻璃

夹层玻璃是把两片玻璃或多片玻璃用有机胶粘合在一起，使玻璃强度增加。当外层玻璃受到冲击发生破裂时，碎片被胶粘住，只形成辐射状裂纹，不致因碎片飞散造成人身伤亡事故。它主要用于汽车风挡、船舶、飞机、火车及高层建筑等。

夹层玻璃的生产方法有两种，即胶片法（干法）和灌浆法（湿法）。通过改变胶片性能和组合结构可生产各种功能的夹层玻璃。如防弹玻璃、电致变色玻璃、电磁屏蔽玻璃、防火玻璃、天线玻璃、电热玻璃、防盗报警玻璃，还有将不同的膜材料夹入其中制成具有膜性能的夹层玻璃，如过渡色夹层玻璃、防紫外夹层玻璃、EN 膜装饰夹层玻璃。

（3）钢化玻璃

钢化玻璃是将普通退火玻璃先切割成要求尺寸，然后加热到接近的软化点，再进行快速均匀的冷却而得到。钢化处理后玻璃表面形成均匀压应力，而内部则形成张应力，使玻璃的抗弯和抗冲击强度得以提高，其强度约是普通退火玻璃的四倍以上。钢化玻璃破碎后，碎片成均匀的小颗粒并且没有刀状的尖角，因此，使用起来具有一定的安全性。

（4）防火玻璃

防火玻璃是一种新型的建筑用功能材料，具有良好的透光性能和防火阻燃性能。它是由两层或两层以上玻璃用透明防火胶黏结在一起制成的。平时它和普通玻璃一样是透明的，在遇火几分钟后，中间膜即开始膨胀发成很厚的像泡沫状的绝热层，这种绝热层能够阻止火焰蔓延和热传递，把火灾限制在着火点附近的小区域内，起到防火保护作用。性能好的防火玻璃，在 1000℃ 以上的高温下仍有良好的防火阻燃性。这种透明防火安全玻璃可作为高级宾馆、影剧院、展览馆、机场、体育馆、医院、图书馆、商厦等公共建筑以及其他没有防火分区要求的民用和公用建筑的防火门、防火窗和防火隔断等使用的理想防火材料。

（5）镀膜玻璃

镀膜玻璃是在玻璃表面涂镀一层或多层金属、合金或金属化合物薄膜，以改变玻璃的光学性能，满足某种特定要求。镀膜玻璃按产品的不同特性，可分为以下几类：热反射玻璃、低辐射玻璃（Low-E）、导电膜玻璃等。热反射玻璃一般是在玻璃表面镀一层或多层诸如铬、钛或不锈钢等金属或其化合物组成的薄膜，使产品呈丰富的色彩，对于可见光有适当的透射率，对红外线有较高的反射率，对紫外线有较高吸收率，因此，也称为阳光控制玻璃，主要用于建筑和玻璃幕墙；低辐射玻璃是在玻璃表面镀由多层银、铜或锡等金属或其化合物组成的薄膜系，产品对可见光有较高的透射率，对红外线有很高的反射率，具有良好的隔热性能，主要用于建筑和汽车、船舶等交通工具，由于膜层强度较差，一般都制成中空玻璃使用；导电膜玻璃是在玻璃表面涂敷氧化铟锡等导电薄膜，可用于玻璃的加热、除霜、除雾以及用作液晶显示屏等；镀膜玻璃的生产方法很多，主要有真空磁控溅射法、真空蒸发法、化学气相沉积法以及溶胶 - 凝胶法等。磁控溅射镀膜玻璃利用磁控溅射技术可以设计制造多层复杂膜系，镀膜玻璃中应用最多的是热反射玻璃和低辐射玻璃。基本上采用真空磁控溅射法和化学气相沉积法两种生产方法。

（6）镶嵌玻璃

镶嵌玻璃是由许多经过精致加工的小片异型玻璃，用晶亮的金属条镶嵌成一幅美丽的图案，两面用钢化玻璃或浮法玻璃以中空的形式将图案封在两层玻璃中，构成一完整的玻璃构件，用以装潢建筑物门、窗、屏风等。既美化居室，又能起到中空玻璃的隔音隔热使用。

（7）微晶玻璃

微晶玻璃是在高温下使结晶从玻璃中析出而成的材料，由结晶相和部分玻璃相组成，尽管抛光板的表面光洁度远高于石材，但是光线不论由任何角度射入，经由结晶微妙的漫反射方式，均可形成自然柔和的质感，毫无光污染。丰富多变的颜色没有天然石之纹理，可以制造丰富色调，以白色为基本色搭配出丰富的色彩系统，又以白、米、灰三个色系最为经常使用。微晶玻璃的耐酸性和耐碱性都比花岗岩、大理石优良，而本身为无机质材料，即便暴露于风雨及污染空气中，也不会产生变质、褪色、强度低劣等现象。

微晶玻璃的吸水率几近为零，所以水不易渗入，不必担心冻结破坏以及铁锈、混凝土泥浆、灰色污染物渗透内部，所以没有石材吐汁的现象，附着于表面的污物也很容易擦洗干净。微晶玻璃比天然石更坚硬，不易受损，材料厚度可配合施工方法。微晶玻璃可用加热方式，制造出重量轻、强度大、价格便宜的曲面板。

（8）U形玻璃

U形玻璃是采用压延法生产的一种极为独特的玻璃型材，它的外形与槽钢一样，所以也称槽形玻璃，表面一般做成毛面，透光不透视，有普通和夹丝两种。U形玻璃具有采光好、隔热保温、隔音防噪（两层U玻对扣成中空）、机械强度高、防老化、耐光照等特点，造型为条幅型，具有挺拔、清秀、线条流畅的时代气息，并有独特的装饰效果，而且安装方便。

（9）玻璃马赛克

玻璃马赛克是由石英、长石、纯碱、氟化物等配合料经高温熔制后再加工成方形的玻璃制品。它具有各种颜色，呈乳浊或半乳浊状。

玻璃马赛克具有耐腐蚀、不褪色、色彩绚丽、洁净、价廉、施工方便等优点，深受建筑业和用户的欢迎。玻璃马赛克主要用于外墙装饰，它不但点缀和美化了城市，同时还能保护墙体，延长建筑物的使用寿命和维修周期。

（10）喷雕、彩绘玻璃

喷雕玻璃和彩绘玻璃是融艺术和技术为一体的装饰产品，喷雕玻璃有平面雕刻和立体雕刻，可在玻璃表面上雕刻出有层次的花鸟、山水等各种图案，可以制成亮花毛底和毛花亮底的版面。用它制成玻璃家具、工艺品隔断、屏风、壁画等多种产品，可为室内装饰营造出晶莹通透的气氛，是宾馆酒家及家庭内装饰的极好材料。同时，也可以制作成大型吊灯的灯片。

（11）防弹玻璃

防弹防盗玻璃由多片不同厚度的透明浮法玻璃和多片PVB胶片科学地组合而成，为了增强玻璃的防弹防盗性能，玻璃的厚度和PVB的厚度均增加了。由于玻璃和PVB胶片黏合得非常牢固，几乎成为一个整体，且因玻璃具有较高的硬度而PVB胶片具有良好的韧性，当子弹接触到玻璃后，它们的冲击能量被削弱到很低的程度乃至为零，所以不能穿透。同样，金属的撞击也只能将玻璃击碎而不能穿透，因此起到防弹防盗的效果。各单片玻璃的厚度和成品玻璃的总厚度，可视使用场所而定。

（12）其他新型玻璃

① 激光玻璃：在玻璃或透明有机涤纶薄膜上涂敷一层感光层，利用激光在上刻画出任意的几何光栅或全息光栅，镀上铝（或银、铝）再涂上保护漆，这就制成了激光玻璃。它在光线照射下，能形成衍射的彩色光谱，而且随着光线的入射角或人眼观察角的改变而呈现出变幻多端的迷人图案，它使用寿命可达 50 年。

② 智能玻璃：这种玻璃是利用电致变色原理制成。它在美国和德国一些城市的建筑装潢中很受青睐，智能玻璃的特点是，当太阳在中午，朝南方向的窗户，随着阳光辐射量的增加，会自动变暗，与此同时，处在阴影下的其他朝向窗户开始明亮。冬天这种智能窗户能为建筑物提供 70% 的太阳辐射量，获得漫射阳光所给予的温暖。因此，可使装上变色玻璃的建筑物减少供暖和制冷需用能量的 25%、照明的 60%、峰期电力需要量的 30%。

③ 呼吸玻璃：同生物一样具有呼吸作用，它用以排除人们在房间内的不舒适感。日本吉田工业公司应用德国专利稍加改进后，已研制成功一种能消除不舒适感的呼吸窗户，命名为 IFJ 窗户。经测定，装有呼吸玻璃房间内的温差仅有 0.5℃ 左右，特别适合人们的感官。不仅如此，呼吸玻璃还具有很高的节能效果。按常规，其空调负荷系数为 80，装上呼吸窗户后，下降为 51.9（系数愈小节能性愈好）。据报道，这种呼吸窗户框架是以特制铝型材料制成，外部采用隔热材料，而窗户玻璃则采用反射红外线的双层玻璃，在双层玻璃中间留下 12 毫米的空隙充入惰性气体氩，靠近房间内侧的玻璃涂有一层金属膜。

④ 真空玻璃：这种玻璃是双层的，由于在双层玻璃中被抽成为真空，所以具有热阻极高的特点，这是其他玻璃所不能比拟的。人们普遍认为，真空窗户有很高的实用性。酷暑，室外高温无法"钻"入室内；严冬，房内的暖气不会逸出，称得上是抵御炎暑、寒冷侵袭的"忠诚卫士"，而且没有空调所带来的种种弊端。

⑤ 彩色镶嵌玻璃：使用彩色镶嵌玻璃不仅能给人带来新的感觉，而且它本身具有现代造型，古典优雅，融艺术性与实用性于一体，再加上巧妙的构思和崭新的工艺技巧，可发挥个人审美观点，根据各自的设计创意和巧思，随意组合。如今比较流行的种类有压花、冰晶、镜面、磨砂、磨边和各种颜色彩色玻璃，用铜或铝条金属框架略作不同精致镶拼搭配。

4.2.8 玻璃产品设计案例

（1）玻璃艺术品

捷克的史丹尼史雷夫·李宾斯基和加柔史雷瓦·布勒赫瓦是精湛的玻璃艺术品的创造者。作为一对娴熟绘画、雕刻的夫妇，他们的作品包含了活泼的色彩以及对美学的鉴赏力。他们知道如何将光线运用在玻璃中，为其内在注入生命，如光的容器，串联作品内外空间，仿佛是场光影的游戏，这种视觉的神奇效果使他们的艺术品有更大的发展空间（图4-26）。李宾斯基扭转了捷克以吹制热塑技法为重的现象，重新发扬传统铸造技法，他对学生倾囊教授，学生遍布全球各地，其教学、创作领域更跨越绘画、雕塑、公共艺术、建筑界，作品闻名国际。

图4-26　史丹尼史雷夫·李宾斯基的玻璃制品

（2）家具玻璃

随着家居风格潮流的变化，晶莹剔透的玻璃家具越来越受青睐。与传统的木材家具相比，玻璃的实用性并不逊色，而且玻璃具有宝石般的材质感觉，借助现代高超的加工工艺结合木材、金属应用，更能塑造独特的艺术效果。现代家居中家具、洁具、镜面等，都显示出了超凡不俗的玻璃工艺效果（图 4-27）。

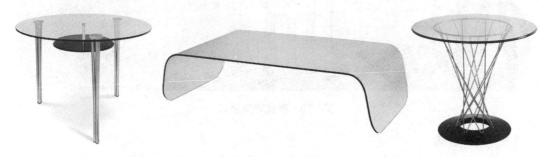

图4-27　玻璃家具

（3）建筑玻璃

玻璃是重要的现代建筑材料，通过玻璃，人们消除了室内外的界限，将自然引入了室内（图 4-28）。中世纪哥特式风格的教堂使用了彩色玻璃镶嵌的花窗，当阳光透过时，映射出神秘的光彩，营造出一种向上升华、神圣的幻觉。

20 世纪，钢架结构有了进一步的发展，使玻璃在建筑中的使用更普及。而在建筑内部，楼梯、地砖等处也有了玻璃的用武之地。随着节能玻璃技术的发展，玻璃在新型环保建筑领域的运用将更加广泛。

图4-28　建筑玻璃

（4）玻璃器皿

在中国清代，用玻璃做各种器皿成为一种流行。由于清宫玻璃器皿有独特的中国风格，且工艺精美，深受世界人民的赞赏，欧洲和北美的一些大博物馆都收藏有中国清代宫廷玻璃器皿，尤其是乾隆时期的作品（图4-29）。

现代常用的玻璃器皿包括日用器皿、艺术品和装饰品（图4-30）。这类玻璃透明度高，一般为无色，但也能赋予鲜艳的彩色，表面光洁度高，通过不同的表面处理可以加工清晰美观的图案。器皿玻璃一般都有较好的抗热震性、化学稳定性及机械强度。

图4-29　清代宫廷玻璃器皿

图4-30　现代玻璃器皿

（5）汽车玻璃

汽车挡风玻璃的安全性能是非常重要的，如果安全性能低，它对乘员身体可能造成很大的危险（图4-31）。一般的汽车玻璃采用硅玻璃，其中主要成分氧化硅含量超过70%，其余由氧化钠、氧化钙、镁等组成，通过浮法工艺制成。汽车玻璃工业创造了多种安全玻璃——钢化玻璃、区域钢化玻璃及夹层玻璃等品种，目前汽车前挡风玻璃已要求全部使用夹层玻璃。

随着技术的发展，新型玻璃也不断被运用到汽车上。例如，"绿色玻璃"是采用反射涂层工艺或改善玻璃的成分，只让阳光中的可见光进入车厢内，挡住紫外线和红外线，提高舒适性的水平；反红外线辐射银膜玻璃，是在多片夹层玻璃中加入镀银薄膜，其红外线反射率为48%，阳光透过玻璃时，光和热会减少23%，能起到隔热节能作用，减少汽车空调损耗；电致变色镀膜玻璃可根据车窗外温度及光线的变化，改变玻璃颜色，调节照进车窗的光线强弱及红外线透过率，达到调温调光的效果，具有高抗紫外线性能。

图4-31　红旗跑车S9

（6）飞机风挡玻璃

飞机风挡玻璃占整机的比重虽然很小，但却是重要关键部件之一。飞机风挡玻璃有特殊的技术要求，其制造几乎涵盖了玻璃的原片和深加工的所有高、精、尖技术，如图 4-32。

(a) 采用电控变色技术的客机玻璃

(b) 战斗机座舱玻璃

图4-32　飞机风挡玻璃

飞机风挡玻璃必须安全可靠，因此，风挡玻璃一般采用多层复合结构来保证玻璃破碎后的安全性。对光学性能要求也较高，风挡玻璃的主要光学性能指标包括：透光度、雾度、光学角偏差、光学畸变、双目视差、副像偏离、眩光性能等，对于大尺寸、曲面外形、多层复合结构的风挡玻璃来说，制造难度很大，光学性能需要依靠玻璃精确成形技术、玻璃镀膜技术以及玻璃层合技术来保证。

机身结冰是飞机飞行过程中的致命的威胁，风挡玻璃必须使用导电镀膜玻璃，通过电加温实现除冰、化霜、防雾功能，以保证特殊气象条件下驾驶员有足够的视野。飞机风挡玻璃的其他许多功能也是通过玻璃上的涂层或镀膜来实现的，在玻璃外表面制备疏水或憎水涂层可以实现防雨要求；在玻璃上镀制不同的透明导电薄膜可以实现电磁波屏蔽、雷达波隐身等功能。

（7）手机玻璃

玻璃在手机造型材料中占比较大，除了必不可少的触屏盖板玻璃，一些品牌还会在手机的其他壳体材料中使用玻璃材料。

触屏盖板玻璃是一种化学强化玻璃，其组成原料为钠钙硅盐材料，通过钠钾离子交换来提升玻璃强度，达到强化目的，并具有一定的耐冲击性。可折叠是手机发展的热点方向，初期的可折叠手机一般采用透明聚酰亚胺（PI）作为柔性盖板，但透明聚酰亚胺在折叠时容易产生折叠痕，使用过程中容易产生划痕，而且其质感和使用体验不如玻璃盖板。随着可折叠玻璃制造技术日趋成熟，将逐渐替代透明聚酰亚胺用于手机触屏盖板玻璃。目前进入商用的可折叠玻璃盖板为三星公司推出的超薄柔性玻璃 UTG（图 4-33）。UTG 采用强化工艺处理，通过在玻璃原料中注入特殊材料，以确保其均匀的柔韧度，可增强 30 微米超薄玻璃的柔韧性和耐用性。超薄柔性玻璃 UTG 柔韧性好，并具有光滑的手感和良好的均匀度，使用寿命达到 20 万次折叠。

图4-33　三星可折叠手机

思考题

1.列举 5 种陶瓷材料的设计应用案例，并分析其在功能、形态、成型方法、表面工艺及质感之间的关系。

2.探讨玻璃在某一设计领域（如家具设计、建筑设计等）的发展演变，并分析当今的流行趋势（可结合工艺、造型、环保节能等方面）。

第 5 章

天然高分子材料

相较于合成材料，天然材料是指仅仅通过物理加工，如打磨、切割、缝制等工艺，把自然界的材料加工成工程所用的材料。天然的有机材料包含木材、竹材、草等来自植物界的和皮革、毛皮、兽角、兽骨等来自动物界的材料。天然材料具有健康环保的特点，但是资源有限、性能单一，需要合理利用；木材和竹材就是产品设计中运用广泛的天然材料。

5.1 木材

5.1.1 木材概述

木材是由裸子植物和被子植物的树木产生的天然材料，它是人类使用最早的一种造型材料，是人们生活不可缺少的重要的再生绿色资源。

木材资源蓄积量大、分布广、取材方便、易于加工成型，自古以来一直都是使用最为广泛的材料。3500 年前，我国就基本上形成了用榫卯连接梁柱的框架体系，许多木结构已历经百年甚至千年。中国古典家具的设计与制作，充分利用木材的色调和纹理的自然美，连接方式多采用榫结构，不用钉子少用胶，既美观，又牢固，富有科学性，很好地体现了科学和艺术的融合。

木材的应用领域很广，包括：建筑用材、工业用材、交通建设用材、民用材、农用材以及其他用材。

我国森林资源宜林区广，森林树种丰富，仅次于俄罗斯、巴西、加拿大、美国，居世界第五位，木材工业是我国基础产业，在国民经济建设中发挥着重要作用。在不可再生资源日益枯竭、人类社会正在走向可持续发展的今天，木材以其特有的固碳、可再生、可自然降解、美观和调节室内环境等天然属性，以及强度重量比高和加工能耗小等加工利用特性，为社会的可持续发展做出了显著贡献。

（1）木材的性能

木材与其他材料相比，具有多孔性、各向异性、湿胀干缩性、燃烧性和生物降解性等独特性质，因此必须更好地利用这些特性和最大限度地限制其副作用。

木材每立方厘米的重量为 0.3 ~ 0.7g，而与每立方厘米重量为 7.8g 的普通钢材相比，木材单位重量的强度（顺纹强度）要高于钢材的单位重量强度。

① 易加工、易连接。木材除了可以机械加工外，还可以用手工具加工；可以加工成各种型面，也可以进行弯曲、压缩、旋切等加工；可以以各种形式的榫结合，也可以用钉子、螺钉、各种连接件及胶黏剂接合。

② 导热性、导电性、声音传导性较小，热胀冷缩性能不显著，这些性能都优于钢材。具有天然的纹理和色泽，可以加工成美丽的花纹图案，是一种较好的装饰材料。

a. 颜色。木材的颜色是由于细胞腔内含有各种色素、树脂、树胶、其他氧化物等，或这些物质渗透到细胞壁中呈现各种颜色。树种不同，木材所显示的颜色也有所区别（图5-1）。如云杉为白色；桃花心木、红柳为红色；黄柳、桑树为黄褐色或黄色。

| 加枫 | 桧木 | 白橡 | 紫檀 | 樱桃木 | 鸡翅木 |

图5-1 不同种类木材的颜色

b. 光泽。指木材对光线的反射与吸收的程度。某些木材光泽很好，如云杉；有的木材则不具光泽，如冷杉。光泽会因木材放置的时间过长而减退，甚至消失。但在木制品的表面处理中，要求具有较好的光泽，以增加木制品的美观性。

c. 纹理。指木材纵向组织的排列方向的表现情况。可以分为直纹理、斜纹理、波浪纹理、皱状纹理、交错纹理、螺旋纹理等（图5-2）。除上述自然形成的纹理外还有人工加工成的纹理。

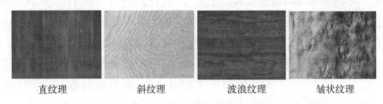

| 直纹理 | 斜纹理 | 波浪纹理 | 皱状纹理 |

图5-2 不同种类木材的纹理

③ 容易解离。木材可以用机械的方法打碎再胶合。刨花板、纤维板生产就利用了木材的这种特性。

④ 容易腐朽和虫蛀。木材是一种有机物质，在生长和储存的过程中，易受菌、虫的侵蚀，使木材受到一定的破坏，降低了使用性能。

⑤ 干缩湿胀。木材和其他材料不同，易在大气中受环境的影响，当环境的温度和湿度发生变化时，常常引起木材的膨胀或收缩，严重时会发生变形和开裂，降低了木材的使用价值。

⑥ 各向异性。由于木材的构造在各个方向不同，木材在不同的方向上的物理机械性能也有所不同，在使用木材时应充分考虑到木材的这个缺点。

⑦ 具有天然缺陷。由于木材是一种天然材料，在生长过程中受自然环境的影响，有许多天然缺陷，如节子、弯曲等。这些天然缺陷会影响木材的使用。

（2）木材的分类

① 原木。原木是指伐倒的树干，经过去枝去皮后按规格锯成的一定长度的木料。原木又分为直接使用的原木和加工使用的原木两种。直接使用的原木一般用于电柱、桩木、坑木以及建筑工程，通常要求具有一定的长度、较高的强度。加工使用的原木是作为原材料加工用的，它是将原木按一定规格和质量经纵向锯割后的木料，并称为锯材，锯材按其宽度与厚度的比例关系又可分为板材和方材，以及薄木等（图5-3）。

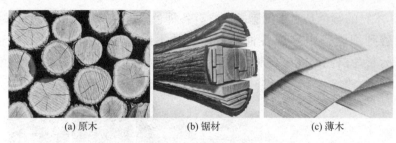

(a) 原木   (b) 锯材   (c) 薄木

图5-3　原木及其制品

a. 板材。当锯材的宽度为厚度的三倍或三倍以上时称为板材。按板材厚度的不同可分：薄板——厚度在 18mm 以下；中板——厚度为 19～35mm；厚板——厚度为 36～65mm；特厚板——厚度在 66mm 以上。

b. 方材。锯材的宽度不足厚度的三倍时称为方材。按宽、厚相乘大小又可分：小方——宽、厚相乘积在 54cm² 以下；中方——宽、厚相乘积为 55～100cm²；大方——宽、厚相乘积为 101～225cm²；特大方——宽、厚相乘积在 226cm² 以上。

c. 薄木。厚度为 0.1～0.3cm 的薄木片称为薄木，厚度在 0.1cm 以下的称为微薄木。薄木按不同的制造方法可分为旋切薄木、半圆旋切薄木、刨切刨木等。

② 人造板。人造板材是利用原木、刨花、木屑、小材、废材以及其他植物纤维等为原料，经过机械或化学处理制成的。人造板材的使用有效地提高了木材的利用率（从一棵树到制成家具或其他成品，其中材质的利用率不到 30%），解决我国木材资源贫乏，天然板材满足不了木材工业发展需要的矛盾。人造板材具有幅面大，质地均匀，表面平整光滑，变形小，美观耐用，易于各种加工等优点，使用量日益增多。它广泛用作为造船、宾馆、展览厅、家具生产、包装箱、活动房、客车车厢及装修客机等方面的造型材料。

人造板的构造种类很多，常见的有胶合板、刨花板、纤维板、细木工板和生态板等。

a. 胶合板。胶合板是用三层或奇数多层的单板经热压胶合而成，各单板之间的纤维方向互相垂直、对称。胶合板的特点是幅面大而平整，不易干裂、纵裂或翘曲，适用于制作大面积板状部件，如用作隔墙、天花板、家具及室内装修等。胶合板品种很多，有厚度在 12mm 以下的普通胶合板，厚度在 12mm 以上的厚胶合板，以及表面用薄木贴面或塑料贴面制成的装饰胶合板等（图 5-4）。

图5-4　胶合板制成的阿尔托扶手椅

b. 刨花板。刨花板是利用木材加工废料加工成刨花后，再经加胶热压成的板材。其生产方法有平压法、辊压法和挤压法三种。刨花板的幅面大，表面平整，其隔热、隔音性能好，纵横面强度一致，加工方便，表面还可进行多种贴面和装饰。刨花板除用作为建筑装饰、板式家具的主要材料外，还可用作为吸声和保温隔热材料。各类刨花板的厚度规格有6mm、8mm、10mm、12mm、14mm、16mm、19mm、22mm、25mm、30mm等，其中最常用的为19mm标准厚度的标准板（图5-5）。

图5-5　定向刨花板及设计应用

c. 纤维板。纤维板又名密度板，是以木质纤维或其他植物素纤维为原料，施加脲醛树脂或其他适用的胶黏剂，经过纤维分离、浆料处理、板坯成型、热压、后期处理等工序制成的人造板材。按其密度分为高密度纤维板，密度在 $0.8g/cm^3$ 以上；中密度纤维板，密度在 $0.65 \sim 0.8g/cm^3$；低密度纤维板，密度在 $0.65g/cm^3$ 以下。纤维板材质构造均匀，各向强度一致，不易胀缩和开裂，具有隔热、吸音和较好的加工性能。目前广泛用作为柜类家具的背板、顶板、底板等不外露的部件，也可用作为绝热、吸声材料（图5-6）。

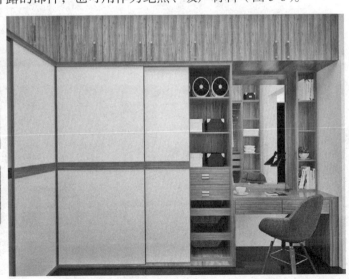

图5-6　纤维板表面覆贴加工的衣柜

d. 细木工板。细木工板是指由木条沿顺纹方向组成板芯，两面与单板或胶合板组坯胶合而成的一种人造板。细木工板具有坚固耐用、板面平整、结构稳定及不易变形等优点，它广泛用作为板式家具的部件材料。细木工板的幅面尺寸规格为1220mm×2440mm，厚度规格一般有12mm、15mm、18mm、20mm，其中最常用的为18mm（图5-7）。

表板
杨木板芯（中板）
杉木（桐木、杨木、
马六甲）板芯
杨木板芯（中板）
表板

图5-7 细木工板及结构示意图

　　e. 生态板。生态板属于人造板的二次加工。二次加工技术中采用的方法主要有单板（薄木）贴面、三聚氰胺装饰板（塑料贴面板）贴面、印刷装饰纸贴面、聚氯乙烯薄膜贴面等表面贴面处理，以及木纹直接印刷、透明涂饰和不透明涂饰等表面印刷涂饰处理。例如，三聚氰胺贴面板是将带有不同颜色或纹理的纸放入生态板树脂胶黏剂中浸泡，然后干燥到一定固化程度，将其铺装在刨花板、防潮板、中密度纤维板、胶合板、细木工板或其他硬质纤维板表面，经热压而成的装饰板。生态板以其表面美观、施工方便、生态环保、耐划耐磨、防水防潮等特点，广泛应用于家庭装饰、板式家具、橱柜衣柜、浴室柜等领域（图 5-8、图 5-9）。

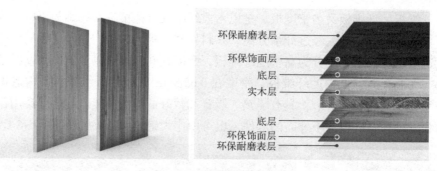

环保耐磨表层
环保饰面层
底层
实木层
底层
环保饰面层
环保耐磨表层

图5-8 生态板及结构示意图

门厅柜
HALL CABINET

图5-9 生态板定制家具

5.1.2 木材成型

（1）软材与硬材

在大自然中，由于各树木生长环境、土壤条件、地理位置的不同，木材的质地特征也各不相同。 木材的硬度在于木材受到缓慢速度加力作用时的抗凹陷的能力。通常树木的硬软、纹理、结构直接决定了树木的加工方式、装饰性、用途。

① 软材。软木木材多取自针叶树，在植物学上，针叶树属裸子植物，通常其叶细长，叶脉平行，呈较硬的针状，常绿，但是也有些树叶是平状柔软，材质较软，适合做建材，但适当利用其木纹也可制作家具。常用树种有：落叶松（图 5-10）、杉木、红松、臭冷杉、鱼鳞松、铁杉、油松、马尾松、水杉、银杏、柏木等。

② 硬材。硬木材质地细致坚硬，多取自阔叶树，在植物学分类上，阔叶树属被子植物，如图 5-11，通常叶阔，具有网状叶脉，有常绿树，也有落叶树，材质较硬，春材与秋材的差别不大，适用于做家具及家什木器。常用的树种有：水曲柳、白桦、毛白杨、核桃楸、柞木、白榆、枫杨、黄波罗、春榆、花椆木、香樟、楠木等。

图5-10 落叶松

图5-11 阔叶林

（2）树干构造、木材三切面

① 树干的构造。树木由树根、树干和树冠组成。树根占树木材积的 5% ～ 25%，主要用于制作工艺品，如根雕。树干占树木材积的 50% ～ 90%，是木材的主要部分。树冠占树木材积的 5% ～ 25%。

树干主要分为下列几部分：树皮、形成层、木质部和髓（图 5-12）。

② 木材的三切面。从不同的方向锯解木材，可以得到无数的切面。当从横切面、弦切面和径切面三个典型的切面来观察分析，可以看出木材的构造，从而对木材加以认识和合理利用，如图 5-13。

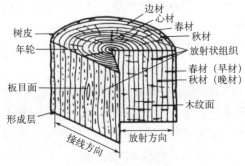
图5-12 树干结构示意图

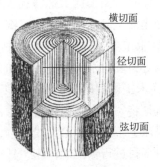
图5-13 木材的三切面

a. 横切面。自垂直于树木生长方向锯开的切面称横切面（或横断面）。木材在横切面上硬度大，耐磨损，但易折断，难刨削，加工后不易获得光洁的表面。

b. 径切面。沿树木生长方向，通过髓心并与年轮垂直锯开的切面称径切面。在径切面上，木材纹理呈条状且相互平行。径切板材收缩小，不易翘曲、木材挺直，牢度较好。

c. 弦切面。沿树木生长方向，但不通过髓心锯开的切面称弦切面。弦切面上会形成山峰状或"V"字形木纹纹理，花纹美观但易翘曲变形。

5.1.3 木材的切割

木材在由制材品到制成品的过程中，常需要经过多种加工工艺，其中包括锯削、刨削、尺寸度量和划线、凿削、砍削、钻削、拼接，以及装配和成型后的表面修饰等。以下简要介绍几种基本操作方法及其所用的主要工具。

（1）木材的锯割

木材的锯割是木材成型加工中用得最多的一种操作。按设计要求将尺寸较大的原木、板材或方材等，沿纵向、横向或任一曲线进行开板、分解、开榫、锯肩、截断、下料时，都要运用锯割加工（图5-14、图5-15）。

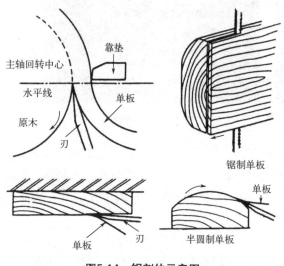

图5-14　锯割的示意图　　　　　图5-15　原木锯割的方凳

木材锯割时的主要工具是各种结构的锯子，利用带有齿形的薄钢带锯条与木材的相对运动，使具有凿形或刀形锋利刃口的锯齿，连续地割断木材纤维，从而完成木材的锯割操作。使用的工具主要包括手工锯和锯割机床。

① 木工手工锯。木工用锯按其结构可分为框锯、刀锯、横锯、侧锯、板锯、狭手锯、钢丝锯等，其中常用的是框锯和刀锯。

② 木工锯割机床。木材加工中常用的锯割机床，一般可分为带锯机和圆锯机两大类。带锯机是将一条带锯齿的封闭薄钢带绕在两个锯轮上，使其高速移动，实现锯割木材。在这种机床上不仅可以沿直线锯割，还可完成一定的曲线锯割。圆锯机是利用高速旋转的圆锯片对木材进行锯割的机床，其结构简单，安装容易，操作和维修方便，生产效率高，因此应用广泛。

（2）木材的刨削

刨削也是木材加工的主要工艺方法之一。木材经锯割后的表面一般较粗糙且不平整，因此必须进行刨削加工。木材经刨削加工后，可以获得尺寸和形状准确、表面平整光洁的构件。

木材刨削加工的主要工具是各种刨刀。利用与木材表面成一定倾角的刨刀的锋利刃口与木材表面的相对运动，使木材表面一薄层剥离，完成木材的刨削加工。使用的工具主要包括木工刨和刨削机床。

① 木工刨。木工刨是常用的主要手工工具之一，根据刨削面平、直、圆、曲的各种不同需要进行加工。刨的种类很多，一般按其用途和构造可分为平刨、槽刨、边刨、铁刨、特形刨（球形刨、轴刨）等。

② 木工刨削机床。木工刨削机床是通过刀轴带动刨刀高速旋转来进行切削加工的。由于加工件的工艺要求不同，木工刨削机床有多种形式和规格，一般可分为平刨床和压刨床两大类。压刨床按一次性加工面的多少，分为单面和多面压刨床。

（3）木材的凿削

木制品构件间结合的基本形式是框架榫孔结构。因此，在木制品构件上开出榫孔的凿削，是木制品成型加工的基本操作之一（图5-16）。

木材凿削加工时的主要工具是各种凿子，利用凿子的冲击运动，使锋利的刃口垂直切断木材纤维而进入其内，并不断排出木屑，逐渐加工出所需的方形、矩形或圆形的榫孔。使用的工具主要包括木工凿和榫孔机床。

① 木工凿。木工凿按刃口形状分为平凿、圆凿和斜凿，其中平凿用得最多。

② 木工榫孔机床。木工榫孔机床的类型很多，工件上的榫孔是由空心插刀的上下往复运动——插削和配装，在插刀内的钻头的旋转运动——钻削联合加工形成的（图5-17）。

图5-16　传统榫卯结构

图5-17　现代家具中的榫卯结构

（4）木材的铣削

木材成型加工中，凹凸平台和弧面、球面等形状的加工是比较普遍的，其制作工艺比较复杂，一般是在木工铣削机床上来进行的。木工铣床是一种万能性设备，它能完成各种不同的加工，例如直线成形表面（裁口、起线、开榫、开槽等）的加工和平面加工，但主要用于曲线外形加工。此外，木工铣床还可用作锯削、开榫和仿形铣削等多种作业，它是木材制品成型加工中不可缺少的设备之一（图5-18）。

图5-18　通过铣床加工的异形部件

5.1.4 木材的连接

木制品构件间的结合方式称为木制品的结构。传统的木制品其最基本的结构形式是框架榫孔结构。近年来，由于材料、设备和工艺技术的改革和创新，出现了板式结构、曲木式结构和折叠式结构等。

（1）榫结合

榫结合是由榫头插入榫孔构成的结合。根据结合部位的尺寸、位置、构建在结构中的作用等的不同，榫头有各种形式，各种榫又视制品结构的需要，有明榫和暗榫之分。

榫孔的形状和大小，根据榫头而定。连接主要依靠榫头四壁与榫孔相吻合，因此榫头和榫孔在制作时，必须注意结构合理，配合密实。图 5-19 为常用的榫结合方式。

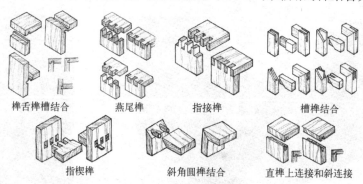

| 榫舌榫槽结合 | 燕尾榫 | 指接榫 | 槽榫结合 |
| 指楔榫 | 斜角圆榫结合 | 直榫上连接和斜连接 |

图5-19　常用的榫结合方式

（2）胶结合

胶结合是木制品常用的一种结合形式，主要用于实木板的拼接及榫头和榫孔的胶合，其特点是制作简便、结构牢固、外形美观，产品形式不受手工工艺的局限。由于木材具有良好的胶合性能，当将胶液涂于刨削光洁的木材表面上并紧密压在一起时，除结合面会形成胶膜外，胶液还沿结合面渗入木材的孔隙中，并在那里凝固，如同形成无数颗细小的胶钉钉入木材中，使胶接面具有一定的胶合强度，因而使两个待结合表面的木材纤维牢固结合成一个整体。胶合强度的大小除与胶的质量与使用方法有关外，还与木材的性质、胶缝厚度有关。就木材而言，质地松软的针叶树材和阔叶树材中的环孔材比质地坚硬的树材胶合性能好。胶层厚度对胶合强度的影响是胶层越厚，胶合强度越低（图 5-20）。

木材胶合时使用的胶黏剂种类很多，目前木制品行业中常用的胶黏剂有皮胶、骨胶及蛋白胶等。近年来使用最多的是合成树脂胶黏剂，如聚醋酸乙烯酯乳胶液和热熔胶等。聚醋酸乙烯酯乳胶液简称 RVAC 乳液，俗称乳白胶。由于这种乳胶液的性能优于动物胶，因此在木器行业已逐步代替动物胶使用。这种胶为水性乳液，使用方便，具有良好和安全的操作性

图5-20　榫卯与胶相结合的方式进行连接

能，不易燃、无腐蚀性，对人体无刺激作用。它在常温下固化快，无须加热，并可得到较高的干状胶合强度，固化后的胶层无色透明，不污染木材表面。但乳胶液成本较高，耐水性、耐温性和耐热性差，易吸湿，在长时间静载荷作用下胶层会出现蠕变，故这种胶只适宜用于室内用木制品。

动物胶也称皮骨胶，是一种热塑性胶，胶层凝固迅速，有较好的胶合强度，使用方便，价格低廉，对各种作业环境适应性强，但不耐水，耐腐性差，有明显的收缩性。

（3）螺钉与圆钉结合

螺钉与圆钉的结合强度取决于木材的硬度和钉的长度，并与木材的纹理有关。木材越硬、钉直径越大、长度越长、沿横纹结合，则强度大，否则强度小（图 5-21、图 5-22）。

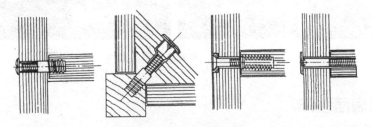

图5-21　螺钉结合示意图

图5-22　家具中的螺钉连接

（4）板材拼接常用的结合形式

木制品中较宽幅面的板材，一般都是采用实木板拼接成人造板。采用实木板拼接时，

为减小拼接后的翘曲变形，应尽可能选用材质相近的板料，用胶黏剂或既用胶黏剂又用榫、槽、销、钉等结构，拼接成具有一定强度的较宽幅面板材。拼接的结合形式有很多种，设计时可根据制品的结构要求、受力形式、胶黏剂种类，以及加工工艺条件等选择（图5-23～图5-25）。

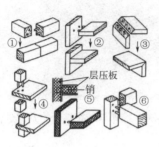

图5-23　用销拼接的形式

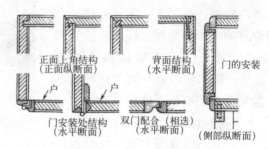

图5-24　夹心板结合形式

图5-25　家具中的销连接

5.1.5 木材表面装饰

（1）木材表面涂覆前处理

由于木材中含有树脂、色素和水分等，它们对涂层被覆的附着力、干燥性和装饰性均有影响。为了得到光滑光洁、花纹颜色一致和性能优良的被覆涂层，在进行涂层被覆处理前，也要对木材制品表面进行前处理。前处理的主要过程有干燥、去毛刺等项。

① 干燥。木材具有多孔性，易吸水和排水，因此新木材需要干燥到含水量在8%～12%时才能进行涂层被覆。木材的干燥方法有自然风干和低温烘干两种。

② 去毛刺。木制品表面虽经刨光或磨光，但总有些没有完全脱离的木纤维残留表面，影响表面着色的均匀性，使被覆的涂层留下一些未着色的小白点，因此涂层被覆前一定要去除毛刺。对一般木制品只要经几次砂磨即可。高级木制品可用如下的方法处理：

a. 在表面刷稀释的虫胶清漆，这样毛刺不能竖起，而且发脆，很容易用砂磨除净。

b. 用润湿的清洁抹布擦拭表面，使毛刺吸水膨胀而竖起，待表面干燥后用细砂纸或旧砂纸磨光。如在水中略加些骨胶水，效果更好。

c. 采用火燎法，即用排笔直刷上一层薄薄的酒精，立即用火点着。经过火燎的毛刺变硬发脆，易于砂磨除净，此法只适用于处理平面。

③ 清除污物。受胶痕、油迹等污染弄脏的木制品表面，可先用砂纸磨光，再用棉纱蘸汽油擦洗干净，若仍然清洗不净时，可用精光短刨将表面刨净。

④ 去树脂。大多数针叶树木材中都含有松脂。它们的存在会影响被覆涂层的附着力和颜色的均匀性。清除松脂常用的方法是用有机溶剂清洗，如用酒精、松节油、汽油、甲苯和丙酮等清洗；也可用碱洗，待表面干净后，在清洗部位刷1～2道虫胶漆，防止木材内层的松脂继续渗出。

⑤ 漂白。不少木材含有天然的色素，如桑木、紫檀等具有黄、紫、红的色素。对木材原色有时需要保留，以起到装饰作用；如果木制品要涂成浅淡的颜色或涂成与原来材料颜色无关的任意色彩时，木制品白坯表面要进行漂白，一般情况下，常在颜色较深的局部表面漂白处理，使涂层被覆前木材表面颜色取得一致。漂白的方法很多，常用的漂白剂有双氧水与氨水的混合液或氢氧化钠溶液等。以上两种方法对水曲柳、栎木等效果都较好，漂白后的表面多年不变色。

⑥ 染色。为了得到纹理优美、颜色均匀的木质表面，木制品需要染色，木材的染色一般可分为水色染色和酒色染色两种。水色是染料的水溶液，酒色是染料的醇溶液。

溶解染料时，不论是水色染色或酒色染色，最好在玻璃杯、陶瓷罐或搪瓷盆内操作，不要使用金属容器，以免引起变色现象（图5-26）。

图5-26 染色木皮

（2）木材表面覆贴

表面覆贴是将面饰材料通过黏合剂粘贴在木制品表面而成一体的一种装饰方法。

表面覆贴工艺中的后成型加工技术是近年来开发的板材边部处理的新技术。其工艺方法是：以木制人造板（刨花板、中密度纤维、厚胶合板等）为基材，将基材按设计要求加工成所需的形状，覆贴底面的平衡板，然后用一整张装饰贴面材料对板面和端面进行覆贴封边。后成型加工技术改变了传统的封边或包边方式和生产工艺，可制作圆弧形甚至复杂曲线形的板式家具，使板式家具的外观线条变得柔和、平滑和流畅，一改传统家具直角边的造型，增加外观装饰效果，从而满足了消费者的使用要求和审美要求。

常用的面饰材料有：聚氯乙烯膜（PVC膜）、人造革、DAP装饰纸、AIKOY纤维膜、三聚氰胺板、木纹纸、薄木等（图5-27）。其端面处理如图5-28所示。

图5-27　用覆贴方法进行表面加工的桌面

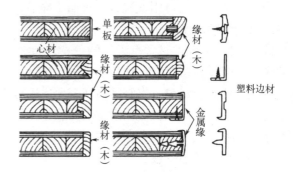

图5-28　木材覆贴边缘的处理方式

5.1.6 产品设计常用的木材

木材可分为针叶树材和阔叶树材两大类。针叶树材往往密度较小，材质较松软，如各种松木、杉木、柏木都是针叶树材，常用于建筑的结构组件，也可用来制作家具、门窗等木制品。阔叶树材材质较坚硬，颜色丰富、纹理美观，如樟木、水曲柳、柚木、榉木、白蜡木、胡桃木、橡木等都是阔叶树材。红木属于阔叶树材，是国内对一些高端、名贵硬木用材约定俗成的统称。红木花纹美观，材质坚硬、耐久，为贵重家具及工艺美术品等用材。

图5-29　水曲柳餐桌、餐椅

（1）水曲柳

水曲柳是木樨科，属落叶大乔木，主要产地为我国东北、华北，及俄罗斯等地。水曲柳是家具中常见的木材，它的木纹清晰美丽，耐腐、耐水性性能好，具有很好的装饰功能。经过精细加工的水曲柳实木家具能够很好地展现优美的木纹效果，展现出优雅不俗的装饰效果（图5-29）。

（2）白蜡木

白蜡木是一种双子叶植物，主要产地为北美洲及欧洲部分地区。白蜡木木材呈淡乳白色调，木材通常平直，带有粗糙均匀纹理。木质硬度偏高，芯材稳定性好，加工性能良好，可经染色及抛光而取得良好表面。适用于实木家具、地板、实木衣帽架，建筑室内装饰等（图5-30）。

（3）胡桃木

胡桃科木材中较优质的一种，主要产自北美和欧洲。东南亚、国产的胡桃木，颜色较浅。胡桃木的边材呈乳白色，心材从浅棕到深巧克力色，偶尔有紫色和较暗条纹。黑胡桃呈浅黑褐色带紫色，弦切面为美丽的大抛物线花纹。胡桃木用来做家具不仅成型效果好，而且表面光泽饱和，色彩丰富且饱满。在家具、橱柜、实木地板的生产中，常见的胡桃木有黑胡桃木、黄金胡桃木、红胡桃木（图5-31）。

图5-30　PIY NUDE白蜡木衣帽架

图5-31　胡桃木扶手椅

（4）橡木

橡木材质较硬重，花纹美观，是制作家具、地板、室内木线等的优质材料。国外进口的橡木分为红橡和白橡两类商品材，红橡主产地在北美及欧洲等；白橡主产地在亚洲、欧洲及北美。橡木加工性能良好，具有自然而清晰的山形纹理，制成家具后稳定性较强、结实耐用（图 5-32）。白橡材质管孔内含大量的侵填体，不但耐腐性好，而且抗渗性也好，是制作葡萄酒酒桶的优质材料。

图5-32　橡木储物柜

图5-33　樱桃木电视柜

（5）樱桃木

樱桃木是高级木料，淡红色至棕色，纹理通直、清晰，结构细腻、均匀。樱桃木天生含有棕色树心斑点和细小的树胶窝，机械加工性能好，纹理抛光性好，涂装效果好，可做拼花地板、烟斗、乐器、家具和橱柜、高级细木工件、船用内装饰；特别适宜用来制作车件或雕刻件。精选的原木可用来制造家具饰面单板、橱柜饰面单板、护墙板和光面门等（图 5-33）。

（6）榉木

自明清以来，榉木是民间家具的常用材料（图5-34）。榉木家具多用于我国南方，同北方的榆木有"南榉北榆"之称。榉木重、坚固，抗冲击，蒸汽下易于弯曲，可以制作造型，钉子性能好。为江南特有的木材，纹理清晰，木材质地均匀，色调柔和、流畅。比多数普通硬木都重，在所有的木材硬度排行上，属于中上水平。

（7）榆木

榆木木性坚韧，纹理通达清晰，硬度与强度适中，一般透雕、浮雕均能适应，刨面光滑，弦面花纹美丽，有"鸡翅木"的花纹，是主要家具用材之一。其木材的特征，心边材区分明显，边材窄暗黄色，心材暗紫灰色；材质轻较硬，力学强度较高，纹理直，结构粗。北方家具以榆木为最大宗，有擦蜡做，也有擦漆做。可供家具、装修等用，榆木经烘干、整形、雕磨髹漆，可制作成精美的雕刻工艺品（图5-35）。

图5-34 榉木床   **图5-35 榆木茶桌**

（8）红木

红木其实并不是特定的某个树的品种，它确切地应该说是一个范围，包括5属8类。属是以树木学的属来命名的，即紫檀属、黄檀属、崖豆属、柿属及铁力木属。8类则是以木材的商品名来命名的，即紫檀木类、花梨木类、香枝木类、黑酸枝木类、红酸枝木类、乌木类、条纹乌木类和鸡翅木类。要注意的是，常用的红木其实主要是指这5属8类木料的心材。

红木材料的特点是颜色较深；一般红木木材本身都有自身所散发出的香味，尤其是檀木；材质较硬，强度高，耐磨，耐久性好。但因为产量较少，所以很难有优质树种，质量参差不齐；纹路与年轮不清晰，视觉效果不够清新；材质较重，搬运困难；材质较硬，加工难度高，而且容易出现开裂的现象；材质比较油腻，高温下容易返油（图5-36）。

5.1.7 木材产品设计案例

木材在设计中有着广泛的应用，设计师在设计桌、椅、箱、柜等器具时应充分发挥木材的特性，利用不同的加工方法，得到多种杰作。

（1）联邦舒雨系列椅

联邦舒雨系列秉承联邦品牌三十多年来一直坚持的创新路线，以国际视野探索中国新美学。明星椅（联邦椅2号）以经典"联邦椅"为基型，根植于宋代文化意境，将美与雅相结合，融入现代生活美学，将功能性、舒适度、造型美感及艺术感高度融合，糅合了中式家具的"气"，重塑了传统具象的"形"，注重线与面、粗与细、曲与直的结合，使中式家具极其精美舒适，创造适合当代人的生活产品（图5-37）。

(a) 黄花梨四出头官帽椅

(b) 紫檀圈椅

(c) 红酸枝条案

(d) 黄檀圆角柜

图5-36　红木家具

图5-37　联邦舒雨明星椅（联邦椅2号）

休闲躺椅将法式椅子优雅的生活方式与中式罗汉床的造型、风骨相结合，通过东西方经典的碰撞，经典与时尚的融合，很好地落地于现代人居住的生活特点，让经典设计风格在现代时尚的设计中得到继承和发展（图5-38）。

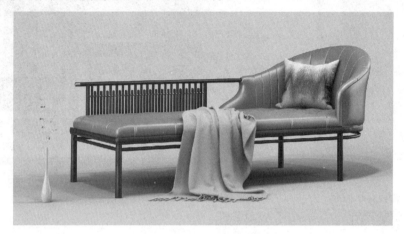

图5-38　联邦舒雨休闲椅

（2）3D打印与木工工艺结合的桌子

桌子的构件靠3D打印部件进行连接，是对家具连接结构的创新（图5-39、图5-40）。

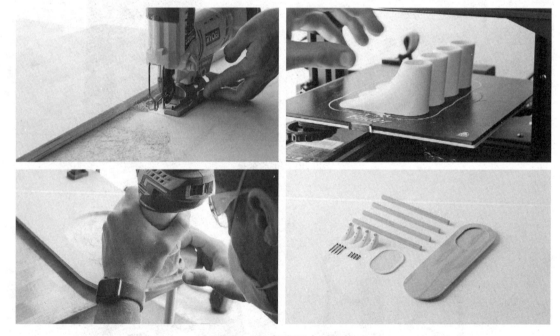

图5-39　3D打印及木质部件

（3）The Pleats Chair

The Pleats Chair 的主体是通过对两部分模具施加强大的压力而制成的。椅腿的半径与褶皱的横截面相同。通过共享相同的半径、坚实的腿和苗条的身体创造完美的平衡。压花图案和椅子的外形带来了独特的 The Pleats Chair 的特点（图5-41）。木模的两部分采用3D数控机床加工而成。该模具有两个木制部分，一个是浮雕，另一个是镂空的褶皱图案（图5-42）。

图5-40　3D打印与木工工艺结合的桌子

图5-41　The Pleats Chair

图5-42　The Pleats Chair的模压过程

（4）NXT椅

NXT椅由丹麦设计师 Peter Karpf 设计而成，通过熔接一种自然物质——木头——不同纹理角度的薄片，使这把椅子重量轻（仅重 3.5kg）但却十分牢固。有红、蓝、黄、绿多种漆色（图 5-43、图 5-44）。

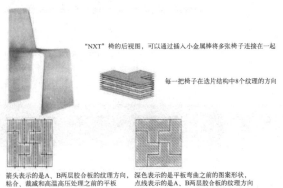

"NXT"椅的后视图，可以通过插入小金属棒将多张椅子连接在一起

每一把椅子在选片结构中有8个纹理的方向

箭头表示的是A、B两层胶合板的纹理方向，
粘合、裁减和高温高压处理之前的平板

深色表示的是平板弯曲之前的图案形状，
点线表示的是A、B两层胶合板的纹理方向

图5-43　NXT椅

图5-44　NXT椅加工示意

（5）弯曲的木头

蒸汽热弯工艺是利用蒸汽箱加热木条的一种木材加工技术。通过给木条加热加湿使木材变得柔软，易于围绕成型器弯曲以产生特殊的形状。设计师在初接触这项工艺时就看到了这项工艺的潜力，并产生了将这种过去的、传统的生态的技艺复兴的想法，并将这种元素应用到每一件作品之中（图 5-45、图 5-46）。

FLIP Chair

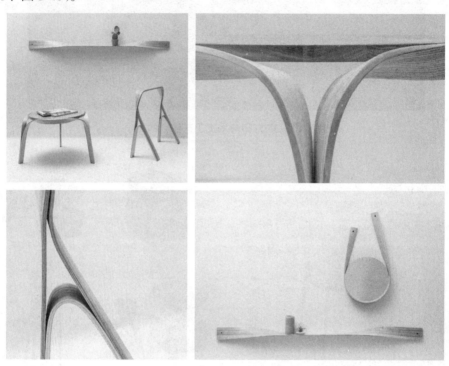

图5-45　弯曲的木头系列家具

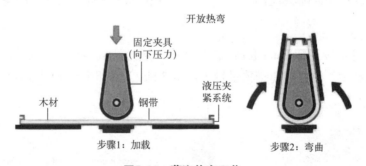

图5-46　蒸汽热弯工艺

5.2　竹材

5.2.1 竹材概述

竹也被称为竹子，是多年生禾本科竹亚科植物，主要分布在热带、亚热带地区，东亚、东南亚和印度洋及太平洋岛屿上分布最集中，生长迅速，是世界上长得最快的植物（图5-47）。竹分布广，种属多。根据有关资料，划分已有 90 属 1200 余种。中国是世界上竹类资源最为丰富、竹林面积最大、竹子产量最多、栽培利用历史悠久的国家，素有"竹子王国"之称。

图5-47 竹

毛竹、桂竹等，材径粗大，劈篾性能好，成活率高，可塑性大，一般 2 年可成林，5 年可成材。材性的分类：1 年生为一"伐"竹，竹材组织柔软，利用率低。2～3 年生为二"伐"竹。4～5 年生为三"伐"竹，竹子高粗，纤维组织适宜，劈篾性能好。9 年以上为老竹，纤维硬脆，且多遭蚊虫害，但强度高，木质化强。

竹材的利用有原竹利用、加工利用两类。原竹利用是把大竹用作建筑材料，运输竹筏、输液管道等，中、小竹材制作文具、乐器、农具、竹编等。加工利用指的是将竹子加工成人造板，可作工程材料，如加工成竹材层压板、竹木复合板等。

（1）竹材的性能

竹材与木材相比，具有强度高、韧性好、刚度大，易纵向剖削等特点。由于竹材的几何形态和结构特征，在材质和材性方面难免存在一些缺陷。例如竹材在纵向、弦向和径向的力学强度和干缩率的差异，竹青、竹黄的难胶合性等，这些缺陷都影响竹材的应用和使用寿命。

竹材与木材一样，吸水膨胀，干后收缩。竹材吸湿性较大，干后收缩随竹材年龄、含水率、部位等而异。竹龄愈老，不仅含水率降低，干燥收缩也相应减小。

竹材的湿润性能较差，这对竹材的胶合是不利的。因湿润作用和胶合剂的内聚力以及胶合剂与竹材表面的附着力有关，当其内聚力大于附着力时，不能产生湿润作用，导致热压时胶合剂流失量大，引起缺胶而影响胶合性能。

竹子的构造分为：竹竿、竹节、竹壁及其内部构造。竹类植物地上茎的主干，称为竹竿。竹竿多为圆柱形有节壳体。竹节多是竹材的一大特点，在应用中往往造成工艺和产品质量上的问题。竹节的维管束走向和分叉严重，影响竹材的韧性强度和均匀度，加工中由于竹节与节间材料的性能不一致，常引起表面不平、胶合强度不一致等。当然，从利用角度讲，竹节也有其优点，如节部的许多力学性能大于节间，不论是圆竹或竹片，只要利用得当，都可发挥竹节的力学性能。

竹竿圆筒状外壳称为竹壁，竹壁的厚薄一般在根处最厚，至上部最薄。竹壁主要为纵向纤维组成，大致可分为维管束和基本组织两部分。靠近竹壁外侧，维管束小，分布较密，基本组织的数量较少；维管束向内逐渐减少，分布比较稀疏，但其形体较大，而基本组织数量较多。因此，竹材的密度和力学强度，都是竹壁的外侧大于内侧。竹壁可分为竹青、竹壁中部和竹黄三部分。竹青是竹壁外侧部分，组织紧密，质地坚韧，表面光滑，外表附有一层油质，不利于胶合，需经特殊处理。竹黄在竹壁内侧，组织疏松，质地脆弱，强度低，难以劈篾。竹壁中部位于竹青与竹黄之间，由纤维管束和基本组织构成，竹编胶合板、竹材层积板等人造板大都利用这部分作原料。

竹纤维和导管都是构成维管束的主要组分。竹材中维管束的大小和密度随竹竿部位、大小和竹种的不同而异。薄壁细胞是竹材的基本组织，它在竹材中所占的比例最大，为40%～60%，主要功能为贮藏养分和水分，由于它的细胞壁是随竹龄的增长而逐渐增厚，细胞腔逐年缩小，其含水率也相应减小，故老竹的干缩率较小。竹材纤维的基本特征是，纤维细长、壁厚腔小、比重大、纤维挺硬。因此，从形态来看，竹材是制造人造板的好原料。此外，竹材易于生虫、霉变等，在生产上也需要采取措施，使竹材人造板的性能稳定。

① 从整株看，表现为中空、多节、表皮光滑疏水。中空和多节为加工制造了许多麻烦。在旋切、剖分和以其他形式加工成小单元时，机械设备比较特殊，加工后的单元在平整度、均匀度和直线度等方面较木材困难。表面的光滑疏水层则必须采取改性或去除的措施，以免影响胶合。

② 从头、尾方向看，存在径级差异、壁厚差异和材性差异。竹材头尾的径级差异远较木材为大，而且随材种、立地、株间等情况也有不同变化。壁厚的差异头尾往往相差几倍，且头尾的硬度、含水率、力学性能等差异也很大。这些特点不仅造成加工的困难，同时也造成出材率的大大降低。

③ 从横断面看，竹青、竹黄、竹肉的材性差别很大。竹青韧性高、强度好而疏水，竹黄脆硬而吸水性强，仅竹肉适合于人造板的生产，这不仅为加工带来多工序，也降低了竹材的利用率。

（2）竹材的分类

① 天然竹材。竹材就其组成部分而言，可以分为竹竿、竹枝、竹根等，不同部分的竹材有其不同的特征，在工业设计中也具有不同的用途。下面对竹材的不同组成部分及其运用加以剖析。

a. 竹竿。竹竿是被削去枝叶的竹子部分，是被利用竹材的主体部分，也是设计中最为常见的一种竹应用材料。由于竹子的品种多，其生长形态有所区别，竹竿部分有些粗壮，也有些纤细，粗壮的竹竿直径可达30cm，纤细的竹竿犹如铁丝。竹竿的颜色也有不同，黄绿色、绿色、紫色等（图5-48）。

自然生长的圆竹材料几乎完全保留了竹材的所有特征，具有良好的顺纹抗压能力，也有良好的韧性，根据种类的不同而表现出不同的弯曲能力。从美学的角度分析，竹竿竖直挺拔的外形、自然生长的竹节具有独特的韵律感。

图5-48　竹竿及其设计应用

b. 竹片。竹片由竹竿切片而成，由于它易于加工，所以是竹材应用最为广泛的材料形式之一。虽然竹片保留了竹纤维具有抗拉能力的特征，但因缺少了竹材中空筒体结构形态，使抗压承重能力大大降低，而弯曲能力则大幅提升（图5-49）。

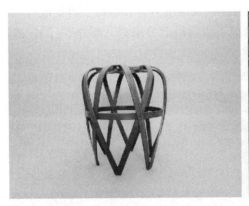

图5-49　竹片的设计应用

竹片自身所具有的柔韧性，也使其表现形式不再拘泥于直线，可形成多样的曲线、曲面。我国传统的竹编技术使竹皮的应用形式更为广泛与丰富，可用于手工艺品、室内界面、建筑外表皮、室外临时性景观中等。竹片在室内设计中的表现形式也多样，可用于作为结构的顶界面、侧立面、地面等，各种不同竹皮的编织纹理使室内各界面变得丰富。

c. 竹根。竹根，是竹子掩埋在土里的根部，也是竹材中较少用到的部分。竹根有最大的竹壁厚度，其抗压能力及韧性优于竹竿部分，但其不规则的形态又限制了其使用范围。目前，竹根多用于手工艺品，其不规则的外观正好适合创造各种丰富的形态，再结合我国传统的根雕工艺，创造了许多精美而且实用的工艺品（图5-50、图5-51）。

图5-50　竹根印章（清）　　　　**图5-51　竹根雕工艺品**

d. 竹枝、竹叶。竹枝与竹叶从材料角度分析，不能承重，大部分情况下会被当作垃圾处理，或待及干燥后用作燃料。对竹枝、竹叶的使用，在日常生活中常见的是竹扫帚、田边住宅旁简易围栏等。

② 人造竹材。人造竹材是以竹材或竹材废料为原材料，经过物理化学处理和机械切削，加工成各种不同形态的构成单元，施胶后组成不同结构形式的板坯胶合而成的一种人造板材。竹材人造板基本上消除了竹材的各向异性、材质不均和易干裂的缺点，特别是改变了竹材径小、中空、壁薄的几何形态，成为大幅面、高强度的平面或型面材料。

我国自20世纪70年代开始，研制开发了多种竹材人造板，使我国竹材资源进入了工业化利用的时代。竹材人造板主要品种有：竹集成材、竹展平胶合板、竹重组材、竹层积材、竹帘胶合板、竹席胶合板、竹碎料板等。设计中常用的有竹集成材、竹重组材、竹展平材等。

a. 竹集成材。是将一片片或一根根竹条经胶合压制而成的方材和板材。竹集成材的结构特征是各相邻层的竹材纹理相互垂直（个别情况下也可以部分垂直，部分平行），或同一层竹材纹理相互垂直而各相邻层平行重叠（图5-52）。竹集成材保持了竹材物理、力学性能的特性，具有幅面大、变形小，尺寸稳定、强度大、刚度好、耐磨损等原有特点，并可进行锯截、刨削、镂铣、开榫、钻孔、砂光，装配和表面装饰方式加工。

图5-52　竹集成材

b. 竹重组材。竹重组材又称重组竹，是一种将竹材重新组织并加以强化成型的一种竹质新材料，也就是将竹材加工成长条状竹篾、竹丝或碾碎成竹丝束，经干燥后浸胶，再干燥到要求含水率，然后铺放在模具中，经高温高压热固化而成的型材。重组是一种高密度新型竹材，它的选材比普通的竹板选材更加精细，一般选用五年以上竹龄的优质毛竹为材料，经选材、蒸煮、烘干、热压等一系列严格工艺流程生产而成，具有干缩湿胀率小、不易变形、防腐、防蛀及耐候等性能，有很强的稳定性，可以通过72小时蒸煮测试，广泛用于生产室内地板、高档家具、楼梯、墙面装饰等（图5-53）。

c. 竹展平材。将毛竹或其他径级较大的竹材（如龙竹、巨竹、麻竹等）截断、纵剖，并去其内外节，经水煮、高温软化后展平，通过刨削剔除竹青、竹黄并加工成一定厚度，再经干燥、定型后涂胶，按相邻层纹理相互垂直组坯热压而成（图5-54）。竹材胶合板具有强度高、刚性好、变形小的特点。

图5-53　竹重组材

近年来，国内外研制出许多新颖特殊的竹材，拓宽了工业设计的领域。竹材的发展追求绿色环保，具有良好的经济效益和社会效益，出现竹钢等材料，比如运用创新的同心圆竹积层技术，如图5-55将同心圆积层竹相互交叠阶梯状裁切，提供稳固且优美交错的坐面，呈现如枯山水般层层堆叠的意境，不但发挥出竹材的纤维特性，更打破传统积层竹的块体印象，形成极具风格且容易量产之现代竹工艺设计产品。回转成型竹积层竹的方式即

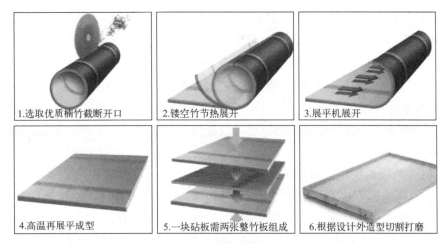

1.选取优质桶竹截断开口　2.镂空竹节热展开　3.展平机展开

4.高温再展平成型　5.一块砧板需两张整竹板组成　6.根据设计外造型切割打磨

图5-54　整竹展平工艺

利用竹条的纤维韧性,以回转的方式胶合成为块状面积,以作实体应用。利用竹材纤维特性由内而外回转积层,视设计需求外径可无限延伸。不同年份生的竹材于软硬度及颜色上对加工难易度及视觉上的影响有差异。经打磨之圆形成优美特殊的视觉效果,并充分表现竹材直纤维特性。

图5-55　同心竹凳

5.2.2 竹材成型

竹材人造板的品种较多,成型主要经过构成单元的制备、干燥、施胶、热压和板材加工等主要加工工段。

① 构成单元的制备。构成单元的制备是竹材人造板制造的一个重要工段。众多的竹材人造板品种就是通过不同几何形态的构成单元,按照预定的板材结构胶合而成的。构成单元的制备是以不同竹种、不同径级的竹材为原料,也可以用竹材的采伐剩余物或加工剩余物为原料,通过各种切削加工和物理化学处理,将其加工出符合质量要求和具有一定几何形态的构成单元。

② 构成单元的干燥。加工制备的构成单元一般含水率都很高,必须通过干燥蒸发水分,降低含水率,以保证成品的胶合质量和含水率要求。由于构成单元的几何尺寸与形态相差很大,所以干燥的方式、工艺、设备以及能源也各不相同。

③ 构成单元的施胶。构成单元施胶所用的胶黏剂，多为酚醛树脂胶和脲醛树脂胶。为了使它们的胶合表面黏附一层匀薄的胶黏剂，以保证良好的胶合质量，必须针对构成单元的不同几何形态，采用不同的和适合的施胶方式。

④ 组坯与热压。施胶后的构成单元要按照预定的板材结构组合成板坯。热压是竹材人造板生产中的一个重要工序。它是对板坯进行加热加压胶合成板的过程。根据产品的加工要求，可以将板坯一次热压成产品，也可以先热压出基材板，在基材板表面砂光后，再进行贴面热压或涂膜热压。

⑤ 竹材人造板的加工。竹材人造板的加工包括裁边、封边、砂光、涂膜、涂饰、贴面热压和涂膜热压等工序。一般将裁边、封边、砂光称之为竹材人造板的加工或后期加工。将涂膜、涂饰、贴面热压和涂膜热压称为二次加工，因为它是以竹材人造板为基材，再一次进行表面的加工处理，以提高产品外观质量、改善物理力学性能，从而达到提高产品档次的目的。

5.2.3 竹材的切割

竹材的切割是借助刀具，按预定的表面，切开工件上竹材之间的联系，从而获得所要求的尺寸、形状和粗糙度制品的工艺过程。竹材的切割除包括木材切削的所有方式外，如锯切、铣削、磨削、钻削等切削方式，还有独特的和应用较广的劈刀纵向剖削方式。此外在物理加工中，竹材的展平法和辊压法也是有别于木材的加工方法。在竹材人造板构成单元的加工中，几乎要采用所有的竹材加工方式。

（1）横截

利用锯子把竹材横向截断成两个部分，并将这两部分中间的竹材转变为竹屑的过程，称之为竹材的横截。通常采用横截圆锯机。横截圆锯机工作时，圆锯片装在锯轴上等速回转，竹材以不变的速度向锯片作横向进给将其截断。或者竹材作纵向进给运动，圆锯片在作等速回转的同时作上下运动将其截断。

（2）纵向剖削

竹材的纵向剖削有两种切削方式：一种是锯剖，另一种是用劈刀剖削。由于竹材具有径小、中空、壁薄的几何形态，用锯剖的方式进行纵向加工极少使用，仅用于竹地板生产中的圆竹筒开料，而劈刀剖削则应用特别广泛，这是由于竹材的维管束沿其长度方向互相平行，且没有横向的木射线组织，具有极好的纵向劈裂性能的缘故。

① 纵向锯剖。利用锯子，沿竹材长度方向剖分成两部分，并将这两部分中间的竹材转变为竹屑的过程称为纵向锯剖。一般采用纵剖圆锯机进行。竹材的径小、中空、壁薄形态，无法像木材那样可以直接锯剖成板方材使用，加之有锯屑产生，降低了竹材出材率，故应用较少。在竹地板生产中，采用双圆锯片机对圆形竹段进行纵向锯剖，这样可以保证锯剖出首尾等宽的竹条，避免了沿竹材纹理方向的顺纹劈裂而形成竹条的尖削度，有利于竹条的后续加工。

② 劈刀纵剖。竹材劈刀纵剖是利用楔形劈刀两面形成的侧向劈力远大于竹材的横向强度，从而产生超前裂缝进行剖分的。由于没有切屑产生，所以劈刀纵剖属无屑切削，是一种高出材率的加工方式。

（3）铣削加工

竹材的铣削加工是刀具绕定轴作等速回转运动，工件作直线进给运动来完成的。铣削的特点是切削厚度随刀齿切入工件的位置不同而变化。铣削加工时铣削轴水平安装，称为卧铣，对工件进行正面加工或定厚加工。铣刀轴垂直安装，称为立铣，对工件进行侧面加工或定宽加工。当铣刀为成型铣刀时，通过立铣可将工件加工出侧向榫槽。竹材人造板构成单元的加工过程中，铣削加工的应用极多，如竹材外节、内节的剔除，以及等宽、等厚、榫槽等加工。

（4）旋切

竹材旋切是竹段作定轴回转的主运动，旋刀作匀速直线的进给运动，并使旋刀刃口平行纤维方向作横向切削。竹材旋切下来的切屑，就是所需要的竹单板。由于竹材的旋转运动与旋刀的直线运动之间有着严格的运动学关系，故能按所要求的厚度切下连续带状的竹单板。

（5）磨削加工

磨削可以用来消除竹制品零件表面的波纹、毛刺、沟痕等缺陷，使零件表面获得必要的光洁度和平直度。还可以使竹材人造板通过磨削来保证一定的厚度。竹材加工中常采用砂带磨削，砂辊磨削、磨刷磨削，滚辗磨削和喷砂磨削等形式。砂带磨削是由一条无端的砂带套在带轮上进行磨削；砂辊磨削是砂带缠绕在辊轴上，磨削时，砂辊除作旋转运动外，还可有轴向运动。砂带磨削与砂辊磨削主要用于竹材人造板的表面加工。

① 竹材的钻削。竹材的钻削是用旋转的钻头切削和沿轴线方向进给竹材的过程。钻削时各种圆形的通孔和盲孔可用不同类型的钻头来完成。根据钻削方向相对于竹材纤维方向的不同，可分为横向钻削与纵向钻削两种。钻削方向垂直于竹材纤维方向的钻削是横向钻削；钻削方向与竹材纤维方向一致的钻削称为纵向钻削。竹材制品及竹材人造板上所需的圆孔和孔槽是通过钻削加工而成的。

② 竹材的辊压加工。竹材的辊压加工属于物理加工方式，它没有切削加工所用的刀具，因而也没有切屑产生。它是利用竹材横向强度较低，易产生纤维分离的特点，而成为有别于木材加工的独特加工方式。辊压加工用于大径竹材的弧形竹块展平和小径杂竹分离纤维两个方面。前者是将大径竹材纵剖成弧形（120°～180°弧）竹块，通过软化处理后逐步辊压成平面竹块，以便进行切削加工和胶合成板。后者是小径杂竹通过辊压，将径小、中空、壁薄的竹管压溃，使其产生纤维分离，以便形成网状竹束或者进入切片机进行切片加工，再通过锤式粉碎机粉碎成竹碎料。

5.2.4 竹材的连接

竹制品构件间的结合方式称为竹子制品的结构。由于材料状态和性能的不同，圆竹的连接具有独特性，主要有弯接法、缠接法、插接法等竹制板材的单元连接方法以及竹制板面的连接方式。竹制板材的连接可以与木质材料连接基本相同。

（1）弯接法

竹材的弯曲成型有两种方法：一种是用于弯曲曲径小的火烤法；另一种是适用于曲径较大的锯口弯曲法，即在弯曲部位挖去一部分形成缺口再进行弯折。适用于框架弯接的小曲度弯曲法，是在弯曲部分挖去一小节的地方，夹接另一根竹藤材，在弯曲处的一边用竹针钉牢，以防滑动（图5-56）。

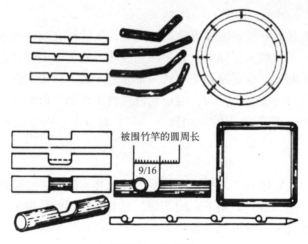

图5-56　弯接法

（2）缠接法

　　按其部位来说有三种缠接法：一是用于两根或多根杆件之间的缠接；二是用于两根杆件作互相垂直方向的一种缠接，分为弯曲缠接和断头缠接；三是中段连接，用在两根杆件近于水平方向的一种中段缠接法。除此之外，还有在单根杆件上用藤皮扎绕，以提高触觉手感和装饰效果（图 5-57）。

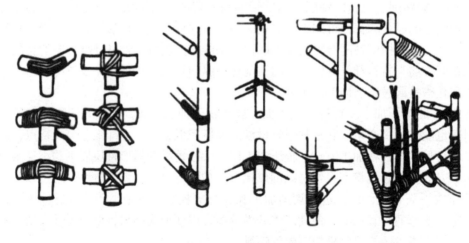

图5-57　缠接法

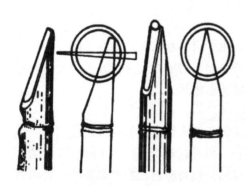

图5-58　插接法

（3）插接法

　　插接法是竹家具独有的接合方法，用在两个不同管径的竹竿接合，在较大的竹管上挖一个孔，然后将适当较小的竹管插入，用竹钉锁牢，也可以用板与板条进行穿插，或皮藤与竹篾进行缠接（图 5-58）。

（4）榫接法

　　以榫头的贯通与否来区分，榫接合有明榫和暗榫之分。暗榫（又被称为不贯通榫）避免了榫端的外露，可以使产品外形美观，一般圆竹家具可能采用暗榫接合，特别在外部结构中更是如此。明榫因榫头贯穿榫眼，又被称为贯通榫。

（5）孔固板面

竹条端头有两种，一种是插榫头，另一种是尖角头。固面竹竿内侧相应地钻间距相等的孔，将竹条端头插入孔内即组成了孔固板面（图5-59）。

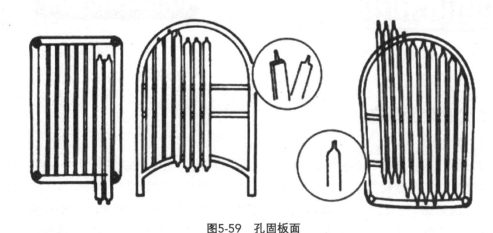

图5-59　孔固板面

（6）槽固板面

竹条密排，端头不做特殊处理，固面。竹竿内侧开有一道条形榫槽。一般只用于低档的或小面积的板面（图 5-60）。

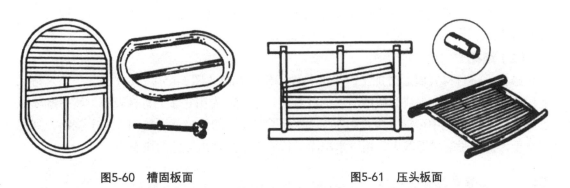

图5-60　槽固板面　　　　　　　图5-61　压头板面

（7）压头板面

固面竹竿是上下相并的两根，因没有开孔和槽，安装板面的架子十分牢固，加上一根固面竹竿内侧有细长的弯竹衬作压条，因此外观十分整齐干净（图5-61）。

（8）钻孔穿线板面

钻孔穿线板面是穿线（竹条中段固定）与竿端棒（竹条端头固定）相结合的处理方法（图 5-62）。

（9）裂缝穿线板面

从锯口翘成的裂缝中穿过的线必须扁薄，故常用软韧的竹缀片。竹条端头必须固定在面竹竿上。竹条必须疏排，便于串蔑与缠固竹衬，使裂缝闭合（图 5-63）。

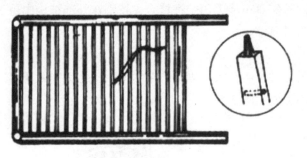

图5-62　钻孔穿线板面

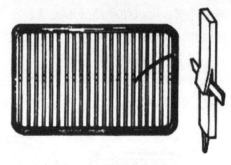

图5-63　裂缝穿线板面

5.2.5 竹材表面装饰

（1）雕刻

在竹制的器物上雕刻多种装饰图案和文字。竹雕早期通常是将宫室、人物、山水、花鸟等纹饰，刻在器物之上。如今竹雕的雕刻作品有的雕刻简练、古朴大方，有的精工细作、纹饰繁密，变幻无穷。我国的竹雕艺术源远流长，雕刻的方法主要有阴线、阳刻、圆雕、透雕、深浅浮雕或高浮雕等，在中国工艺美术史上独树一帜。纵观中国竹雕发展的历程，宋代已初露头角。明清时期，竹雕艺术达到了鼎盛。明清两代，文人士大夫写竹、画竹、种竹、刻竹蔚然成风，竹雕的文化含量也迅速攀升。早期的竹刻制品遗存很少，现所见多为明清传世品，浑厚古朴，构图饱满，刀工深峻，线条刚劲有力，转角出棱。品种以笔筒、香筒为主。清代前期制品有明代遗风，表现技法更为多样，品种扩大，除笔筒、香筒外，臂搁、竹根人物、动物与山石具备，制作精致工整，细巧秀雅（图5-64）。

（2）烙花

烙花是将竹材表面通过加工，烙上各种规格的花纹（图5-65）。其方法之一：是将工业用硫酸液兑于水中，成为硫酸与水的混合液。烙花时先用它涂上竹材表面，然后蘸稀泥点到竹材上（稀泥中可掺入少量石灰），蘸上了稀泥点的竹材就可放到火焰上烧制，到泥点烧干，自然脱落时即取出，用冷水洗净，竹面上便显现出黑色的斑点。

图5-64　竹雕笔筒

图5-65　竹子烙花装饰

5.2.6 竹材产品设计案例

竹材在设计中有着广泛的应用，设计师在设计建筑、家具以及产品等方向充分发挥竹材的特性，利用不同的加工方法，得到多种杰作。例如随着低碳经济和可持续发展理念的深入人心，现代竹家具方兴未艾，从传统竹家具中走出了属于自己的一片天地。竹家具不断推陈出新，对竹家具的新造型、新技术、新研发等研究也越来越多，并引起广泛重视。下面以三个分类的优秀案例来了解竹材的应用。

（1）竹材建筑设计案例

① The Arc 体育馆竹材建筑。建筑事务所 Ibuku 和结构工程公司 Atelier One 合作在巴厘岛的丛林中打造了一座由竹子制成的体育馆建筑，竹制的屋顶由高 14 米、跨度 19 米的轻质拱门支撑，拱门之间使用向两个方向弯曲的网壳结构连接，形成稳固的承重体系，看起来十分轻巧就像用织物制成。Ibuku 利用竹材的强度、美观性和灵活性，将竹子制成的复杂双曲面屋顶，屋顶底部的空间与外部相连通，保证通风和散热。创新和目的驱动的竹材绿色建筑呼应了可持续和低碳环保的创作理念，在可持续建筑方面迈出重要的一步（图 5-66）。

图5-66　The Arc体育馆

② Bamboo Pavilion 竹亭。Zuo Studio 为 2018 年台中世界植物博览会设计了一个竹亭，亭子的脊状形式以台湾中央山脉为原型；通过结构的间隙可以看到外部影影绰绰的水景。竹亭高 10 米，长 30 米，主体结构由轻钢和毛竹制成，细长的桂竹则用于编织表层肌理，展馆的底座也使用竹屑制成。同时，依据可持续和低碳的设计理念，展馆的底座也使用竹屑制成。"竹亭"是对未来建筑发展道路的隐喻，就像一颗种子，象征着我们的梦想和希望——为我们的下一代提供更宜居的环境（图 5-67）。

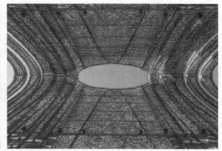

图5-67　Bamboo Pavilion竹亭

③ Hardelot Theatre 剧院。Hardelot 剧院位于法国北部的 Chateau d'Hardelot 城堡内，由英国的 Andrew Todd 事务所设计。为了能够与环境协调呼应，设计师选择了竹和交叉层压木材（CLT）作为主要材料。12 米高的竹竿包围着建筑主体，形成笼状的外形。内部的剧场可以容纳 388 名观众，顶部环状的窗户可以保证自然采光和通风（图 5-68）。

图5-68　Hardelot Theatre剧院

④ 越南富国岛竹制欢迎中心。越南富国岛的度假胜地建筑由越南工作室 Vo Trong Nghia Architects 设计的一个体现越南文化的结构，为富国岛的一个度假胜地创造了大胆而复杂的竹制欢迎中心。欢迎中心的总建筑面积为 1460 平方米，大约由 42000 个竹竿完成，这些竹竿是在越南热带气候下快速生长的草种的空心茎。由于使用的混合结构系统，该项目使用绳索和竹针将竹竿连接在一起，联合系统会更具有挑战性。密集的结构包括一系列拱门、圆顶和网格，内部空隙被雕刻成莲花和青铜鼓的形式。由于网格结构允许光线穿透，竹制框架产生的内部空间感觉开放和透明。融入建筑茅草屋顶的天窗也允许日光照亮内部，而网格系统使微风能够自然地通风空间。自然光线的照射与竹子的自然颜色融合一起，营造出温暖而亲密的氛围（图 5-69）。

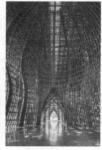

图5-69　越南富国岛竹制欢迎中心

⑤ Luum Temple 寺庙竹亭。Luum 寺位于图卢姆的丛林中，由当地事务所 CO-Lab Design Office 设计。这个露天的竹亭可以用于举办丰富多彩的节目，如瑜伽、冥想、研讨会和其他社区集会。设计师秉持可持续的设计理念，选用了天然且有抵御飓风能力的竹子作为材料，将竹梁扁平的部分进行弯曲，并用螺丝捆扎在一起，形成亭子的主体结构。屋顶外侧覆盖的茅草是用当地特产的萨卡特草制成的，可以护室外结构免受雨淋和阳光照射（图 5-70）。

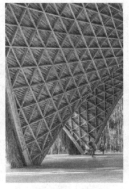

图5-70　Luum Temple寺庙竹亭

（2）竹材家具设计案例

① Ching Chair 清转合。此款设计选用了青竹，保留竹子特有的纹理。特别之处是加入了水泥榫的运用，借由两种原始材质的特点运用与人体关系的结合，设计成凳椅，将材质以新形式样貌创造在使用过程中的新感动。期望于旧与新之间转化出一条桥梁，唤醒人们重新检视并体验身边质地细节纯粹的美感，借由设计去尊重周围环境原生材质观念，让材质材料以自然独特的形式创造新时代美学观点（图 5-71、图 5-72）。

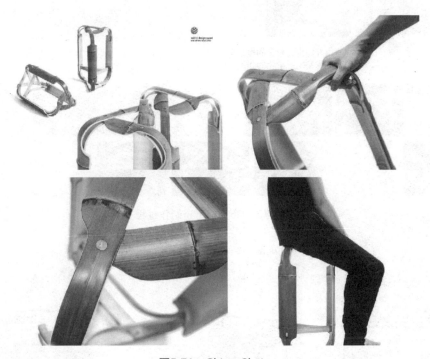

图5-71　Ching Chair

② Minimal Techno 扶手椅。由荷兰设计师 Sebastiaan Van Beest 设计并获得 2021 年意大利设计 A' 设计大奖的 Minimal Techno 扶手椅，设计灵感来源于日本极简主义和负空间的使用。该椅由回收的实心薄钢和竹硬木地板制成，竹条由黑色涂层钢板和黄铜螺丝固定。此外，设计师使用最少材料实现预期效果，让椅子坐感舒适的同时，既精致又坚固（图 5-73、图 5-74）。

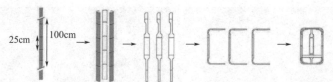

创新的清椅是用一根特定长度的毛竹制作而成。把它分成三块，热弯成这一特殊形状。

清椅的主体结构，
弓形竹保持弹性。

将水泥灌注到沙漏形状的榫眼中。

每条主腿上的支撑杆支撑在竹节上。

将水泥灌注到榫眼中。

中间的连接杆固定在竹子的榫眼中，
起到连接和稳定三条腿的作用。

清椅的底部，设计了一个小竹关节。

图5-72　Ching Chair制作过程

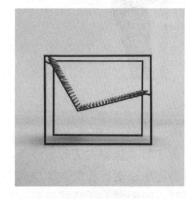  

图5-73　Minimal Techno扶手椅

图5-74　Minimal Techno扶手椅细节图

③ Feelex-Bamboo Furniture。Feelex-Bamboo Furniture 在设计材料上选用天然的竹材，运用竹子的特性，进行弯曲加工，其结构设计采用独特的交叉编织方式，这种结构设计不仅增强了座椅的自然强度，而且创造出精致的雕塑美感（图 5-75 ～图 5-77）。

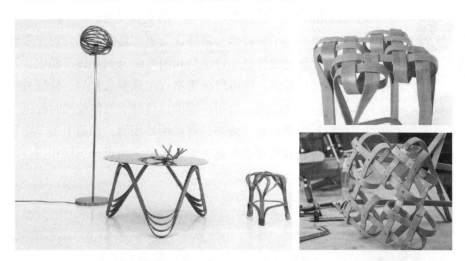

图5-75　Feelex-Bamboo Furniture

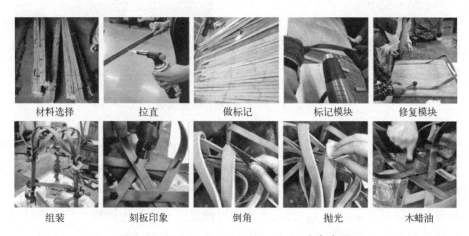

材料选择　　　　拉直　　　　做标记　　　标记模块　　　修复模块

组装　　　　刻板印象　　　　倒角　　　　抛光　　　　木蜡油

图5-76　Feelex-Bamboo Furniture生产步骤

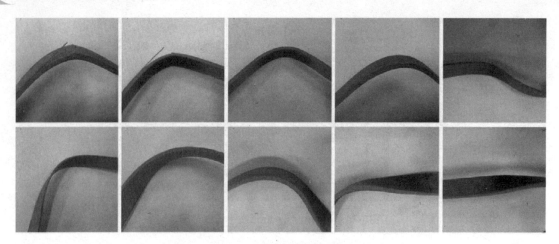

图5-77 竹子的弯曲示意

拓展案例

竹材家具设计案例

（3）竹材生活用品设计案例

① Steamer 婴儿消毒蒸笼。该产品获得 2021 年德国红点设计大赛婴童用品奖项，基于对温热食物被认为更容易吸收并有助于婴幼儿成长的理解，这种蒸笼设计概念将加热和消毒结合到一种产品中，不仅可以对婴儿电器进行消毒，还可以使用蒸汽加热婴儿食品。传统竹工艺在容器主体上的创造性应用，为用户提供自然舒适的体验同时提供了一种有机的感觉。水盘由高温陶瓷材料制成，易于清洁任何水垢堆积物，顶盖上的非中心手柄降低了热蒸汽造成的伤害风险。白色和竹子的配色方案与各种室内设计风格相得益彰，同时也营造出愉快而轻松的氛围（图 5-78）。

图5-78 Steamer婴儿消毒蒸笼

② 竹制吹风机。竹子由于其天然特性和丰富性，可以替代传统上用塑料或金属生产的产品，通过重新思考产品的设计和制造，可以在受控的、可持续的循环中创造。法国工业设计师 Samy Rio 完成了围绕材料在可塑性和技术能力方面的可能性的实验阶段。修改后对象的内部布局完全重新设计，允许更大的可修复性和更易于拆卸，并且还可以创造性地消除对开关的需求。在可折叠模型中，吹风机从展开手柄开始。在另一个版本中，手柄底部的简单旋转即可启动单元（图 5-79、图 5-80）。

图5-79　竹制吹风机

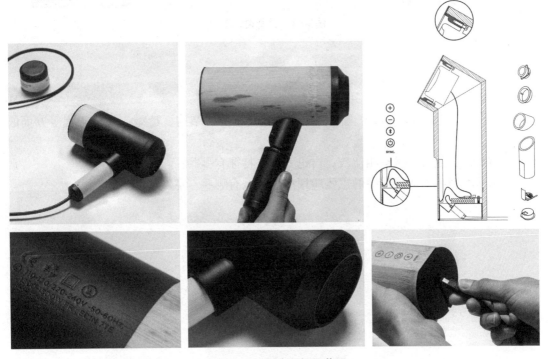

图5-80　竹制吹风机细节图

③ 竹制自行车。随着绿色运动和可持续发展的热潮，以及竹材提供了优异刚度和减震的绝佳组合，竹材被重新考虑用于自行车。获得 2018 年日本 G-mark 和 GOOD DESIGN 金奖的印度尼西亚 Spedagi 竹制自行车融汇竹艺工匠技能，同时带动了当地经济发展，该产品从竹子的质地、竹关节间的精度和光洁度展现了竹制自行车的精美和高标准质量（图 5-81）。

图5-81 竹制自行车

思考题

1. 收集中国明清时期的木椅资料，分析其在选材、结构、造型、人机工程等方面的特征。

2. 竹材与其他设计材料相比较，讨论其主要特征有哪些？

3. 木质材料在工业设计中的主要应用产品领域有哪些？举例说明。

第6章

增材
制造

> **导读**
>
> 　　增材制造（additive manufacturing，AM）又被称作快速制造，与传统减材加工制造技术不同，增材制造通过逐层连续添加材料，大幅减少了原材料在去除、切削、再加工过程中的消耗，同时不受传统加工工艺的限制，可以在产品设计环节进行优化或自由重塑，降低了后续工艺流程损耗。增材制造融合了 IT、先进材料、智能制造等多种技术，被认为是制造业最具颠覆性和代表性的新兴技术之一，代表着高端制造的发展方向。

6.1　增材制造概述

6.1.1 增材制造发展与趋势

　　产品与服务竞争日益激烈，为了更快向市场推出产品，企业对制造工艺与技术进行了大量创新以缩短设计、测试、制造以及销售等各个环节的时间，节省资源占用。伴随着计算机科学、CAD/CAM 技术、激光技术、新材料技术的发展，20 世纪 80 ～ 90 年代发展出快速原型制造（Rapid Prototype and Manufacturing）技术，简称快速成型（RPM）。

　　第一台商用快速原型制造系统是 3D Systems 公司于 20 世纪 80 年代末推出的 SLA-1，其工作原理基于立体平板印刷技术（Stereo-lithography，SL），让使用者能从计算机数据中直接获得物理空间的实体。这项技术由于可以节约大量时间，特别是对形态复杂、难以通过常规制造获得的产品来说尤为突出，使得产品研发生产进入一个新时代。90 年代初后又出现了熔融沉积成型（FDM）、分层实体制造（LOM）和选区激光烧结（SLS）等快速成型技术。通用汽车 1991 年即使用快速铸造类成型技术生产快速模具和部分零部件的原型。Kira Corp 公司开发了一种基于纸张层压原理的系统后，1996 年在市场中开始出现原理与喷墨打印技术近似的 3D 打印技术。1998 年 Optomec 公司推出了激光工程净近成型（LENS）金属粉末成型系统，1999 年德国 Fockele & Schwarze 公司推出了选区激光熔化（SLM）系统。越来越多的快速成型技术能够制造高密度金属部件，使得直接服务于航空和汽车工业成为现实。

　　因为在逐层加工时与打印机的工作方式具有一定相似性，长期以来，人们都以"3D 打印"这一通俗名词来统称此类快速成型技术。从加工时材料的消耗情况来看，整个制件生产过程中，材料是被逐步堆积增加的，因此这类生产制造技术被更准确地定义为"增材制造"，即是一种利用三维模型数据通过连接材料获得实体的工艺，通常为逐层叠加，与去除材料的制造方法截然不同。现在业内更多接受增材制造这一专业名词，但在非严谨场合也可用 3D 打印来指代。

　　依托其制造复杂形状和结构的能力不断提高，增材制造已经被广泛应用于发动机原型制造、珠宝和航空业中的熔模铸造模具生产，以及大量的直接产品零部件生产，满足航空、船舶维修和商业小批量定制这些截然不同的场景。增材制造也被应用于生物医学工程，能使用生物相容材料创建组织支架或者骨关节。与人们日常生活息息相关的食品行业中也出现了增材制造的身影。

2014 年后大批 SLA 光固化、SLS 激光烧结设备的推出进一步推动了 3D 打印概念的普及。现在个人已经可以利用散件和集成部件组装出个人型增材制造设备。设备普及也催生了网络社区，人们可以共享增材制造设计文件和开源软件，展示自己的应用成果，使 3D 打印成为人们日常生活的一部分。使用更多材料、更多颜色的增材制造设备层出不穷，也为设计表现带来了更多可能。

6.1.2 增材制造基本原理

传统切削加工，无论是 CNC 还是人工生产，都是通过对固态原料按工序去除多余部分，最终获得制品的减材制造。

合成制造或等材制造的过程是对材料进行机械挤压或形状约束获得所需的形态，比如折弯、冲压等工艺。加工出的模具进行铸造或注塑等时，原材料前后基本没有损失，因此都被称作等材制造，但是模具本身的生产还是属于减材制造范畴。

增材制造过程与减材制造正好相反，是对原材料通过特定工艺逐一结合形成最终产品的。尽管不同增材制造系统在实体实现工艺中技术各有不同，但它们的基本原理都具有共通性。

首先，整套系统的运行必须利用计算机辅助设计与制造技术，通过计算机设计模型或实物扫描的方式，获取待加工实体的数字化三维数据。数字模型还需要转换成特定格式，变成面向制造系统的文件。制造系统导入文件后通过程序分析，将空间模型按设定分层为若干横截面切片（图 6-1）。之后，设备工作程序再驱动机械部分将液体或粉末材料按各个确定的截面固化，逐层结合或者利用胶黏剂连接生成完整的立体形态。

CAD建模   程序分层   逐层打印

图6-1 分层原理图

尽管各种增材制造系统使用的成型方法不同，但总体来看可归纳为熔化和固化类、光固化类、剪切与黏连类等类型。所使用的材料包括固态、液态和粉末等形式，常见的材料包括纸、蜡、树脂、金属、陶瓷和其他聚合物。

增材制造已被广泛应用于包括日用消费、汽车、航空航天、建筑、服饰、影视动漫、文博、生物医学、食品等众多行业领域，在设计阶段、工程分析阶段或者制造和模具阶段都发挥出应有的商业价值。

通常来讲，增材制造包括以下四个基本部分（图 6-2）。

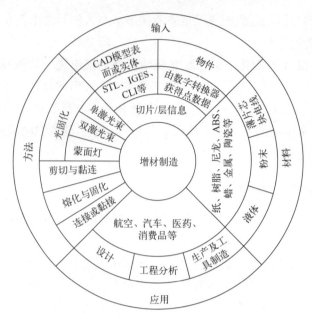

图6-2 增材制造的主要方面

6.1.3 增材制造技术优势

增材制造是基于材料叠加的方法制造功能部件，所以不受产品形状、材料形式限制，不依赖前期的模具。其制件加工精度与表面粗糙度可以接近传统机械加工的水平，先进生产系统能够加工出最终形态质量的部件，经过后期处理即能达到最终产品的材质和性能要求，可以直接替代量产产品。而且相比传统制造来说，这一过程消耗的时间极短，节省时间和调整灵活是增材制造的显著优点。从设计三维形态模型或采集立体形态数据反求数字模型开始，不用预先制造模具，就能直接制造出形状结构复杂的零件、模具型腔等实体，比如汽轮机叶轮、医用骨骼与牙齿和用于熔模铸造的蜡型等，一般只需要几个小时或几十个小时，这是传统制造方法很难达到的。

在传统制造过程中，产品设计完成后需要进行生产工装准备，通过与量产接近的工艺流程才能最终得到试样，并测试评价设计完成体。一般工装设计准备及更改占用了时间成本的主要部分，但在应用增材制造技术后，设计团队可以快速获得原型，设计师几乎可以"实时"实现产品的"可视化"，产品后续的测试、迭代，包括工装准备本身都能利用增材制造的"即时"性，快速修改完善，节约的时间能达到传统过程的50%以上，体现出良好的经济效益（图6-3）。

对从产品生产到销售全过程链上的不同参与者来说，应用增材制造可在不同方面发挥出独特优势。

① 对产品设计师而言，设计者可以不受时间和成本的过多限制，从产品的功能、美学、质感等多角度提高零件的复杂性；可以通过更直观的方式合并功能部件，淘汰落后工艺，优化零件，减少零件数量和相应的工艺准备。

如果直接通过增材制造来获取零部件本体，基于增材制造的特质，设计上的受限条件也将进一步减少，例如没有拔模斜度对造型的困扰，不受复杂分型的影响，昂贵材料的精细薄壁应用等。总之，设计师可以减少对传统生产制造可行性的推敲，从而能对设计本身有更多精力投入。

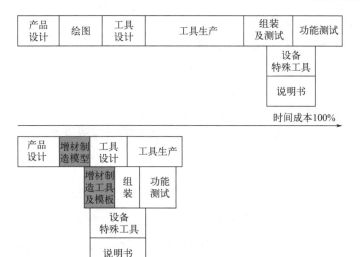

图6-3　增材制造对传统设计制造过程的影响

② 对模具和制造工程师来说，主要的优点还是节约了大量成本。工程师们可以减少设计、制造和验证的工作。制造商在节约固定的制造成本和劳动力成本的同时，也因为减少了流程中的多个环节，可以节省运输、仓储和管理费用。增材制造设备相比传统制造来说具有更明显的通用性特征，对按工艺区分的专用生产场所来说，生产设备的硬性投入也得以降低，生产调度也变得更为灵活便利。

③ 对销售商和上游供应链来讲，因为缩减了产品进入市场的时间，就可减少因客户需求的不确定性带来的市场风险，能更快地响应客户需要，能提高新技术的性价比。相比一般的定制生产，对设备较少的依赖将带来显著的经济性。增材制造可以简化供应链业务，缩短供应时间。

④ 对消费者而言，更快的产品更新、更贴近定制的特征和更低廉的价格都是令人欣喜的。

6.2　增材制造的过程

不同增材制造技术的基本原理都是相同的，所以其工艺链也大多相似，包含以下几个步骤：三维数据构建；数据转换和传输；检测与准备；工艺实施；后期处理（图6-4）。

| 导入 | 修复 | 放置 | 支撑 | 打印 |

图6-4　增材制造过程

6.2.1 三维数据构建

通过计算机辅助设计（CAD）技术建模和实物扫描获得三维数据是增材制造过程的起点，也是全流程时间消耗的主要部分。两种方式均需要依赖计算机硬件和软件资源，以及掌握技术的专业设计和操作人员。

CAD 建模软件包括 Rhinoceros、3DS Max、Cinema 4D、ZBrush 以及 Inventor、Solid works、Creo、UG、Catia、Alias 等三维软件和工程软件，尽管它们都能辅助完成形态构建，基于设计和生产的便利，仍然推荐应用工程类 CAD/CAM 系统米编辑形态三维数据，以满足后期各种功能实现，便于修改完善。

实物扫描是一种逆向工程方法，通过接触式坐标测量仪或者非接触式的激光扫描仪以点云的方式获取实物表面轮廓各数据点的位置信息，并利用网格成形在 CAD 系统中重建形态。

无论建模还是实物扫描，最后从 CAD 系统输出的不是简单意义的数字形态，而是经过团队协同工作，通过干涉检查或者有限元分析等得到的能延伸至实际制造的三维数据。同时因为电子数据可共享的特性，后期还可进行详图设计、工艺规划、数控编程等进一步工作。

这一过程中特别需要强调必须保证模型正确。无论曲面还是实体模型，都要求形态整体是有封闭容积的，确保模型与任一水平截面相交都能得到闭合曲线。

除此以外，建模和优化工作人员还应对可用和拟用的增材制造工艺和设备有相当程度的理解。因为增材制造系统的不同，适用条件和设计参数各有差异，如对参数设定理解不全面就无法充分发挥制造系统的性能。

6.2.2 数据转换与传输

大部分增材制造系统都需要将原始三维模型转换为生产用的 STL 格式。这种格式将所有形态表面都看作可细分的简单多边形集合或者三角形的逼近，曲率变化较大的部分会有更细密的三角形网格排布。除此以外，IGES 格式也被应用于部分增材制造设备。所有工程及工业设计领域常用软件都支持这两种格式转换输出，通常专业制造设备支持的文件格式较为多样。

数据转换时需要操作人员合理设定参数，平衡模型质量和转换时长两者间的关系，对操作者的个人经验以及设备性能的熟悉程度有一定要求。

转换后的文件一般通过网络由设计系统传送到制造设备，再由操作者进行机器端或软件端的检测及设置优化，很多桌面型设备也支持用 U 盘等存储工具直接传输文件。

6.2.3 检测与准备

传输到生产设备的文件在生产前需要进行缺陷检测。很多初级用户在 CAD 建模时，不了解建模的封闭性要求，如果在建模阶段就发生错误，那转换的文件也必定会出错。即便建模正确，如果转换成 STL 类专用格式时设置不准确，导致转换不完全也会造成错误。而错误会导致后续工作出错，所以会被设备直接拒绝执行。另外，缺陷性问题如不能被及时发现，也会导致最终获得的制品不具备可用性，损失的时间远比浪费的材料更有价值。

因此，在此阶段操作者需要检查文件错误及构造缺陷。除了在 CAD/CAM 建模系统中优化外，也可以使用类似 Magics 的专业类软件进行修复，并输出用于增材制造的格式文件（图 6-5）。

检查生产文件没有错误后，制造系统管理软件会将三维数据模型按默认或者手工设置参数进行垂直方向的分层，允许用户设定每一步的加工参数，将模型沿生产高度方向分割成若干截面切片。

这种看似将形态简单退化为横截阵列的操作，实际上关联因素众多。

比如，三维模型在制造设备平台中的定位及调整，需要确定模型的摆放方位及空间搭配关系。如果在生产的垂直方向上出现前期步骤截面小，后期截面明显增大，为防止形态坍塌，就需要额外设定和编辑不属于主形态但利于后期清理的支撑材料，也就是如图 6-5所示工作窗口中的柱状、杆状支撑部分，并区分主形态和支撑形态的生产精度。而包括薄壁零件的厚度、非完全填充结构部分的支撑结构参数以及加工精度、速度等若干参数都需要操作者熟知工艺原理和设备性能，进行或侧重速度或侧重精度等不同需求的设置和优化。

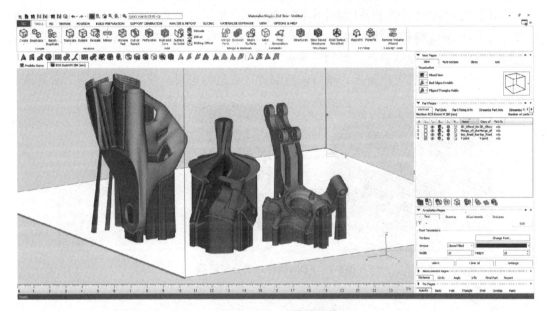

图6-5　Magics软件环境

6.2.4 工艺实施

前期工作完成后，生产系统可以启动自动化生产，由软件驱动机械部分对上一阶段的截面切片逐层固化成型，逐层结合，直至得到最终立体。制造时长受制件大小、数量、工艺影响，单件时长有时也会达到数十个小时，但是从制造全流程来看，仍然节省了大量时间。专业厂商的制造系统还提供远程报警、实时监控等功能，帮助用户在长时间生产时掌握过程状态和设备信息，如图 6-6 所示是云 3D 打印管理系统。

图6-6　Zortrax引入的云3D打印管理系统

6.2.5 后期处理

许多刚接触增材制造的用户会认为只要生产过程中没有发生错误，就应该能获得和原始设计一模一样的终极制品。其实，多数时候增材制造生产得到的制品都需要后期处理，这也是增材制造生产过程的最后一环。没有恰当处理的制品性能或外观上无法达到预期，更多表现为素材材质的状态。

后期处理内容包括多余材料清理、固化、表面处理等。相对而言，SLA 制件的后期处理步骤是最多的。需要专用清洁剂来清理未发生光化学反应的残留光敏树脂，因为这个过程有可能会导致制件发生扭曲变形，所以需要选择适合加工材料的低损害活性清洁剂。SLA 制件还需要对光固化制件专门进行后期固化，使材料强度能满足用户使用环境的要求。而对使用 PLA 材料的 FDM 制件来说，如图 6-7 所示，外表面切片状横纹也很难打磨光整，远不如 ABS 材料方便。因此，如果从一开始就能针对最终产品性能要求选择合适工艺和制造系统，就能减少不必要的后期处理工作。

除此以外，为达成客户需求，增材制造制件还可进行电镀、喷漆或着色等二次处理。

图6-7　FDM制件外表分层肌理

6.3　增材制造的主要类型

增材制造应用的技术多种多样，根据原材料的物质形态进行分类大体可被归纳为液态材料类、固态材料类、粉末材料类。

（1）液态材料类

这类增材制造系统以液态原料为基材，通过激光或者紫外灯将液池中特定点或流经喷射头的材料凝固成型。立体光刻设备（SLA）、多点喷射打印（MJP）、数字光处理技术（DLP）等都属于液态原料的制造系统。

（2）固态材料类

固态材料包括线材、带材、层压板和粒料等形式。

熔融沉积型（FDM）就是对线材进行熔融和固化成型。分层实体制造（LOM）属于对带材进行切割和粘连成型。

（3）粉末材料类

尽管粉末本质上也是固体，但因为连接或黏接成型方法的特殊性而被单独归作一类。粉末材料在连接或黏接时有采用激光熔接的，也有采用胶黏剂结合的。这类增材技术包括选区激光烧结（SLS）和彩色喷墨打印（CJP）、激光净近成型（LENS）、电子束熔化（EBM）、选择性激光熔化成型技术（SLM）等。

下面将就主要的技术类型进行简要介绍。

6.3.1 立体光固化成型技术（SLA）

（1）工艺原理及制造过程

立体光固化成型（Stereo Lithography Appearance，简称 SLA）是一种以光敏树脂为原料，利用液态光敏树脂在特定波长与强度的激光照射下会发生光聚合反应的特性，完成从点到线，从线到面，逐层固化，最终得到整个部件的增材制造工艺。

大部分基于液态材料的增材制造使用的都是光敏树脂，这种液态热固性聚合物通常在波长 250～400nm 的紫外光作用下发生固化，由小分子链接成交错的较大链状分子，并在常温下保持稳定态，具有特定的化学和物理性能。

以图 6-8 下沉式 SLA 成型原理为例，具体工作过程如下。

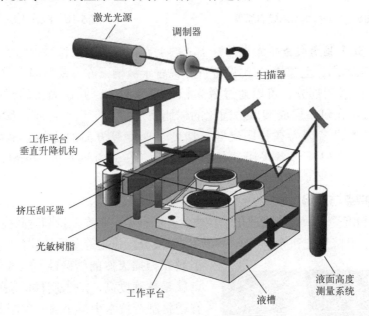

图6-8 下沉式SLA成型原理

① 光敏树脂装满液槽。

② 生产软件根据设定的切片层高控制升降工作平台处于液面下一个截面层厚的高度。

③ 由计算机控制光学扫描系统将激光束聚焦，并按切片层形状扫描树脂液面，被扫描的区域树脂固化后形成稍厚于分层的薄片。

④ 升降系统控制工作平台按层厚设定下降至能被新一层待固化光敏树脂部分覆盖的高度。

⑤ 由水平刮刀或真空刮刀扫过前次固化的制件层表面，并将新一层树脂涂敷表面，同时激光或紫外线扫描固化这层光敏树脂。

⑥ 如此往复循环，制造从产品底部开始，一直加工到顶部完成成型。

⑦ 升降台升出液槽，取出工件，清理表面残余的光敏树脂液体及支撑料，获得需要的形态。

不同的系统制造商基于 SLA 技术原理，对光源类别、扫描曝光方法等又有各自的选择和应用，从而形成光学系统、升降系统等工作方式差异。

如图 6-9 所示是上拉式 SLA 成型原理。

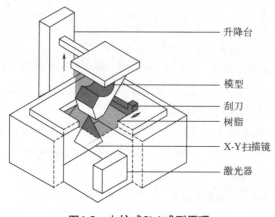

升降台

模型

刮刀

树脂

X-Y扫描镜

激光器

图6-9 上拉式SLA成型原理

图6-10 Formlabs Form3L

与下沉式 SLA 制造设备激光光源置于液槽上方，成型时工作平台随着逐层成型从液槽顶部向下移动不同，上拉式 SLA 设备将光源置于液槽下方，模型向下成型。液槽底部是带硅酮涂层的透明部分，可以通过激光扫描成型截面，并让固化的树脂不黏附在槽底。上拉式 SLA 在每一层成型后，固化的树脂薄层随着工作平台向上移动，从槽底脱离。下沉式 SLA 设备因为在打印尺寸、精度、速度等方面的优势，多被应用于工业级，而多数桌面型 SLA 设备采用的是上拉式，如图 6-10 所示的 Formlabs Form3L 就是其一。

（2）性能特点与应用

SLA 制造精度受光敏树脂物理化学性质、光源种类、曝光能量和时间控制、光学扫描速率和分辨率、升降系统和涂敷系统控制精度以及分层设定等参数的综合影响。但是受益

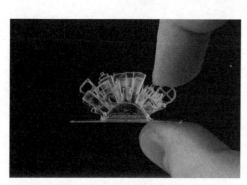

图6-11 SLA加工的精细形态

于激光扫描天然的精确性，SLA 制造的显著优点就是精确度高，加工制件的表面粗糙度是所有增材制造技术中最小的。如图 6-11 所示制件的精细形态可见 SLA 的能力，如需要加工高精度或光滑表面，SLA 是最具性价比的选择，主流设备商的加工层厚可以达到 $10 \sim 150\mu m$，边缘特征精度可低至 $50\mu m$。

SLA 树脂原料从具有类似 ABS 韧性到像 PC 般透明的材料，从用于牙科的耐磨材料到像橡皮般柔韧的材料，甚至是可煅烧用来制作熔模注模的浇铸树脂，种类繁多。而且因为材料是液态的，所以制造系统的可持续生产能力较好。

从极小的细微零件到 1500mm 的大型构件，SLA 制造的尺寸范围也很广阔。

除了前述优点，SLA 技术也有一些缺点。

虽然光敏树脂液体中的光敏引发剂和活性单分子会在紫外线照射下逐层固化，但是刚

完成的 SLA 制件其实还处于未完全固化的状态。为了获得较好的机械性能，多数 SLA 制件还需要通过额外的紫外线或者强光固化箱对制件进行后期固化处理。

SLA 热固性原材料与 FDM、SLS 使用的热塑性材料相比强度较弱，通过后期固化可以提高制件的硬度和耐温性，但是降低了制件的抗拉强度，导致更易碎。通常来说，工业级设备使用的树脂材料比桌面型具有更好的机械性能。同时，因为阳光中的紫外线也会对长期暴露在外的 SLA 制件产生有害影响，最好要在制件外观面喷涂透明的防紫外丙烯酸涂料。

SLA 制造对于悬空部分始终需要设计、制作支撑结构。而且打印后必须手动拆除，这一过程可能会损害部件。因此生产前必须合理摆放模型方向，确保重要的外观面没有支撑结构，针对不同的 SLA 加工方式合理布设支撑数量、层数或者最小化每一层的横截面积（图 6-12）。

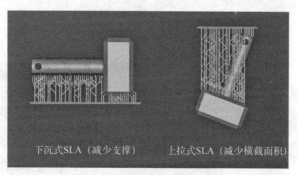

下沉式SLA（减少支撑）　　上拉式SLA（减少横截面积）

图6-12　不同SLA加工方式的模型摆放与支撑结构

另外在 SLA 制造过程中，液态树脂固化会发生轻微收缩，当收缩幅度较大时，新固化层与之前固化层间会产生较大的内应力，从而导致模型发生卷曲，因此打印前需要优化内部构造。

总的来说，SLA 适合生产尺寸精度高、细节复杂的零件，但是多数类型材料制件强度不高，且暴露在阳光下时会有性能退化，只有个别材料类别才适合直接做功能性应用，适合透明、柔韧、浇铸树脂这几类特殊要求材料的使用。SLA 制件，特别是透明树脂材料，除了后期固化，通常需要去除支撑、砂光、抛光、防紫外喷涂或光油喷涂等后处理才能获得表面光洁及透明的效果。基于这些性能特点，SLA 技术主要用于生产概念产品功能原型，包装及产品展示模型，用于设计分析验证过程的测试样品，选用特殊材料可以制造透明件、铸造模具以及部分终端用户零件（图 6-13）。

（3）基于 SLA 原理的 PolyJet 和 MJP 技术

同样是基于光敏树脂在紫外光下的聚合作用基础原理，有一类光固化设备将原先对液槽内树脂进行扫描固化的过程改为类似喷墨打印机的打印工艺，将光聚合原料液滴通过打印头喷到托盘上，再通过紫外线将其逐层固化。Stratasys 公司对应的技术名称叫作 PolyJet，3D Systems 公司对应的技术叫作多点喷射打印（MJP）。

如图 6-14 所示，PolyJet 设备工作时，液体光固化树脂被一层层被喷射到托盘上，同时被喷头上安装的紫外灯固化，在每一层切片截面的打印过程中，喷头沿 X、Y 轴运动，一层完成后再由精确控制的升降器沿 Z 轴降低托盘高度，完成下一层的成型。

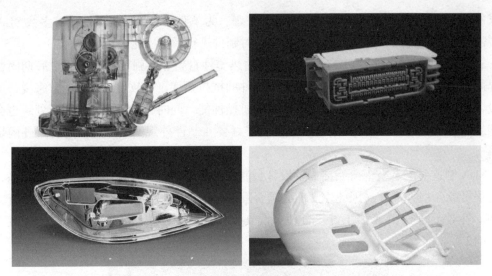

图6-13　SLA制作的部件

打印喷头　　X轴
　　　　　　Y轴
　　　　　　UV光
成型材料
模型材料
成型平台　　Z轴

图6-14　PolyJet原理图

　　PolyJet 设备使用的材料中 VeroVivid 可以实现接近 500000 种颜色，近 2000 种 PANTONE 验证的标准色。Agilus30 材料则具有较高的抗拉强度，耐受反复弯折。PolyJet 设备支持多材料功能，在单次成型中可提供多种颜色和表面纹理组合，可直接创建多色零件。又因为加工得到的表面粗糙度也很好，无须后期处理就能得到类似实物的表面质感和精致细节。数字解剖类 3D 打印还可额外使用凝胶状 GelMatrix、柔软半透明的 TissueMatrix、柔软且记忆回弹的 BoneMatrix 树脂进行上百种组合，制造具有逼真触感和行为的解剖机构、全彩色原型。

　　PolyJet 设备因为细节表达优越，被用于设计概念展示、验证、装配测试等，如图 6-15 所示是部分加工样品。

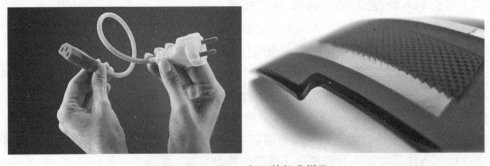

图6-15　PolyJet加工的部分样品

MJP 技术原理与 PolyJet 相似，可用材料包括功能材料、精密塑料材料、弹性材料、多材料复合材料和蜡质材料五大类 VisiJet 材料，适用于概念建模、功能原型制造、快速模具制造、熔模铸造应用以及需要生物相容性的医疗应用。

（4）数字光处理技术（DLP）的应用

与 SLA 类传统的激光扫描不同，数字光处理技术（Digital Light Procession）通过掩模投影来固化树脂。原理与医用 MRT 或者 CT 等检测技术相仿，将三维模型在空间中像素点化，每一层截面是类似黑白胶片那样的位图图像，即掩模图形，位图上的白色点表示材料本体，黑色表示空隙，灰色像素表达为部分固化，当 DLP 技术将位图整体投射到树脂时，被照亮的白色部分会固化树脂、黑色不透光就不会固化树脂，灰色图像则在内部和外部轮廓会有部分固化，因此消除了分层和台阶效应。

图 6-16 是 DLP 技术的 SLA 原理图。首先，托盘或载体浸入装有光聚合树脂的浅液槽，液槽置于透明窗口上，掩模从装置底部往上投射准备将底部的树脂固化，高分子薄膜在树脂槽底部形成静默层防止固化层粘连，省去了影响速度的重复性剥离动作，可以实现连续固化成型。之后平台每升高一个层高，新树脂流入模型与透明接触窗口间，开始下一轮的曝光和固化，最终与上拉式 SLA 生产类似，像是从浅液槽中拔出了制件，再直接从平台上剥离模型。

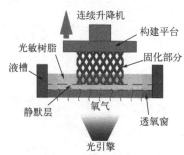

图6-16　DLP技术的SLA原理

因为各截面层是利用掩模图像一次成面的迅速固化，所以比逐点扫描的光固化制造收缩更少。而且打印速度与制件大小和实际体积相关性弱，外加非接触式 DLP 减少了液槽底部的固化剥离时间，可以说基于 DLP 技术的光固化成型设备是最快的增材制造设备。北京 UNIZ 公司产品打印速度已经达到 8300cm³/h，针对薄壁制件打印线速度高达 200mm/h，XY 轴分辨率达到 49.8μm，打印精度可达到 10μm。举例来说，6 个完整牙科模型在 5 分钟内就能完成制作。这种高速 SLA 技术使工业规模的量产成为现实。

如图 6-17 所示，阿迪达斯从 2015 年起引入 Carbon 公司的技术和设备来生产新型跑鞋中底，并以此作为下一代的核心中底技术，应用在 ZX 2K、4D Run、Alpha edge 4D 等产品上，合作的系列跑鞋量产已达到近百万级。

图6-17　阿迪达斯运动鞋中底的生产

6.3.2 熔融沉积成型技术（FDM）

（1）工艺原理及制造过程

熔融沉积成型技术（Fused Deposition Modeling，简称 FDM）是目前最易获取且应用广泛的 3D 打印工艺。如图 6-18 所示，FDM 类增材制造设备使用的材料是热塑性塑料丝材，通常像线卷一样绕卷轴成盘状。工作时，塑料丝材被送入打印头中加热转变成半液体状态，再根据计算机预设的层截面路径，通过特定口径打印头挤出黏丝，涂抹在基础层上。因为打印头周围的空气比挤出材料的温度低，半液体材料在空气中迅速冷却，即完成当前截面层成型。升降平台再在丝杆等系统结构的控制下向下降低一层高度，准备进行下一层的制作。

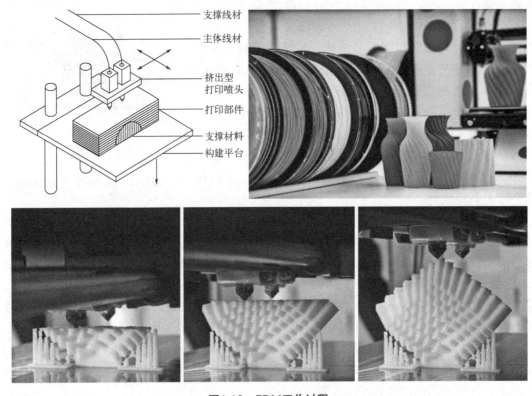

图6-18　FDM工作过程

FDM 模型分层也需要用户生产前在软件里调整好模型角度位置，优化支撑结构。有的 FDM 设备可以使用两种材料执行打印，主材完成部件主体成型，辅助支撑材料完成部件支撑，一般支撑材料与主材是黏合在一起，打印完成后可以溶解冲洗掉。价格低廉的 FDM 设备只使用一种材料，使用算法来降低支撑材料的密度，但是后期去除多余材料就会比较费力。

（2）性能特点与应用

FDM 技术利用熔融热塑性材料再挤出冷却固化成型，支持 ABS、PLA、PC、Nylon、TPU 弹性体等多种材料，涵盖部分生物相容或抗静电的特殊材料，相当广泛。应用生产级 ABS 塑料原料的制成品与同类材料的实际产品相比，强度可以达到后者 85% 以上，具有良好的机械、耐热性和化学强度。使用特定材料甚至可以使制件和注塑件强度相当，对需要进行功能测试的样品来说是贴近实际需求的。材料消耗也仅限于产品主体和必要的支撑体，浪费很少。用专用支撑材料的 FDM 制品可通过水溶或其他可溶性溶剂清洗去除多余材料，后期处理内容很少。

因为成型原理简单易实现，FDM 设备加工的产品体积也比一般增材制造设备有更大优势，支持小批量的直接生产。

FDM 技术最明显的缺点是精度有限，成型原理和丝状材料直径直接限制了可打印精度无法与 SLA 或 SLS 技术相比，加工层厚普遍为 0.254mm 或 0.330mm，加工精度最高可达 ±0.09mm 或 ±0.0015mm（以较大者为准），与 SLA 类动辄 25μm、50μm 还有很大差距。

同时因为单层截面成型是由打印头沿 X、Y 轴边移动边挤出材料完成填充，所以整个过程受材料挤出速率和机械运动速率限制，再加上塑料的黏性，加工过程相对较慢且难以提速。

另外，每层材料在沉积并迅速冷却的过程中可能会产生内应力，造成常见的收缩和边缘变形（图 6-19）。使用者需要依据设备操作经验，调整参数来补救，但同时也造成了对技术总结与转移的障碍。所以现在很多机型采用工作台加热，或空间闭合保温的方式来削弱边缘收缩变形的影响。之后广为应用的 PLA 材料在解决边缘变形上虽有所改善，但是后期清理和表面处理的困难又部分抵消了材料性能改善的好处。

图6-19　FDM工艺边缘变形

市场上 FDM 设备众多，主要应用在模型构建、原型展示等领域，可用于新产品设计、测试及小批量制造。教育行业也喜欢用来制作简便模型满足科学、工程、设计及艺术的研究和学习。FDM 也被业余爱好者和企业用作定制礼品、个性化设备及发明等。中国东方航空使用 FDM 技术进行小批量开发和维修航空内饰件，包括电子飞行数据包支架、座椅扶手、书报架等。像施乐公司这类跨国企业，在使用 FDM 设备部分代替传统设备来进行原型设计后，工程人员可以在自己的办公室快速制造原型部件。特别对于这种跨国企业，可以跨区域传输文件，设备无须值守，利用工作人员夜晚休息时间不停歇地进行生产，大大缩减了产品推向市场的时间。

6.3.3　叠层实体制造成型技术（LOM）

（1）工艺原理及制造过程

叠层实体制造成型技术（Laminated Object Manufacturing，简称 LOM）是对滚压纸张或其他层状材料采用激光切割轮廓，逐层累积而成的一种增材制造技术（图 6-20）。

LOM 制造也是通过系统软件将 CAD 模型进行分层。制造过程中，软件用交叉阴影线来限定每层的外部边界，驱动伺服电机控制光学系统沿 X、Y 轴运动，让 CO_2 激光束聚焦切割顶层截面轮廓、交叉阴影线和模型边界。切割边界后留下的部分成为堆积主体，截面轮廓外的多余材料则起到堆积支撑作用。之后先前已成型的堆层平台下降，等先切好的一层落下后平台再上升，加热辊按压新材料层使材料间通过热熔胶相互黏接形成整体。系统再计算下一层横截面形态，准备进入新一轮切割。这一过程将持续到所有分层全部制作完成，最终得到一个封闭的包含制造部件的实体（图 6-21）。

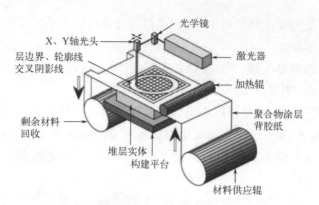

图6-20　LOM制造原理

图6-21　LOM生产设备及得到的封闭实体

如图 6-22 所示，LOM 加工完成后还需简单后期处理，先将承托制件的金属平台从机器中取出，再用锤子和腻子刀等工具将堆层实体中包围在部件周边的支撑结构去除。

图6-22　LOM后期处理

最终得到的 LOM 制件外观质感有些类似木头，可以用传统模型制造方法如砂磨、抛光、涂漆等进行表面加工或者钻孔、车削等传统切削加工。将加工好的 LOM 制件用尿烷树脂、环氧树脂等涂抹密封，可以防止材料吸收水分后膨胀变形。

目前 LOM 设备使用较普遍的材料是牛皮纸加聚乙烯基质的热封胶黏剂的纸卷材料，但其实任何背面涂敷胶黏剂的层状材料都可适用，包括塑料、金属、陶瓷等。为了确保各层均匀压实，LOM 设备一般通过温控系统维持加工过程设备环境恒温。

（2）性能特点与应用

LOM 类技术具有可用材料广泛的优点，理论上任何层状材料都可以；同时因为 LOM 过程中的激光不需要逐点扫描每层横截面的整个表面，仅勾勒轮廓，因此建构厚层与薄层时间是一致的，所以 LOM 技术在建造大体积部件时有速度优势；又因为加工过程中材料没有物理或化学变化，因此 LOM 部件不会发生弯曲或内部应力导致的变形；加工过程中也无须额外的辅助支撑。

LOM 的缺点主要有：不适合薄壁和复杂内部构造类的制造；胶黏剂的黏性和强度决定了制件的强度和完整性，强度一定会小于功能原型；移除辅助支撑需借助木工工具，费力费时，还要谨防损坏部件壁厚较小的部分；表面质量达不到 SLA、SLS 水平，材料浪费比较严重。

因为造价低廉和适合的加工精度，LOM 技术在工业界有广泛用途，适用于设计过程验证，可以在低压力载荷下承受基本测试，整体评估原型的美学性能等，帮助设计生产部门进行改进。后期上色、抛光后，可以相对精确地呈现产品视觉效果，小批量提供多样的原型用来进行客户体验、介绍、包装取样等。LOM 部件还可通过密封或抛光被制成模具工具。

6.3.4 三维打印成型技术（3DP）/全彩色喷射打印成型技术（CJP）

（1）工艺原理及制造过程

三维打印成型（Three-Dimensional Printing，简称 3DP）也即是后来的全彩色喷射打印成型（Color Jet Printing，简称 CJP），其技术原理是根据分层数据模型，有选择地将黏性胶水（墨水）喷射到粉末上，将粉末材料粘接起来形成所需的截面形态，再逐层打印、粘接，最终形成三维实体。

以图 6-23 3DP 制造过程为例，工艺的具体工作过程如下。

① 送料辊从左侧送粉盒中将粉末倒出，在右侧建造室顶部成型平台上铺层。

② 系统根据三维模型颜色，控制打印头喷嘴按比例喷射不同颜色的胶水混合成所需色彩，并选择性地喷在粉末表面上。

③ 粉末在胶水作用下粘在一起形成层截面，其余部分粉末仍保持松散状态起支撑作用。

④ 完成一层打印后，成型台面下降，循环重复前述步骤直到完成实体打印。

⑤ 回收包围实体的未黏结粉末，成型台上升，吹净模型表面粉末得到所需制件。

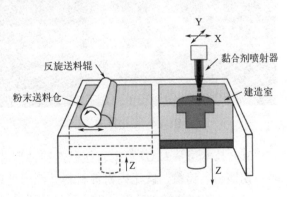

图6-23 3DP制造过程

⑥ 根据对制件的不同需要，可采用不同方法进行后处理。如果快速设计应用，打印件可以是原始件或"毛坯"件。要获得稳定的模型，打印件可以浸入蜡液中或进行喷砂再打磨处理，也可用树脂或药水进行浸泡。

（2）性能特点与应用

当胶水喷在粉床上会发生"球化"现象，粉末在毛细力的作用下发生聚集，也与上一层粉末聚集粘在一起形成固态，最后形成固体件。其结合能来自胶滴，由表面能和动能两部分组成，一般这种结合能较低，因此 3DP 技术从粉末变成固态实体的打印速度非常快，比 SLS 快约 10 倍，每层可以在几秒内完成，制件交付时间以小时来计算。比如手掌大小的模型可以在 2 小时内完成。

3DP 打印机与普通的喷墨打印机原理相似，可靠简便。由于无须使用任何支撑且未使用的粉材可以回收利用，所以材料利用率高，也减少了表面处理时间，带来较低的部件成本。基于 3DP 的原理，打印的粉末材料可以是石膏粉末、塑料粉末、氧化铝或者其他金属粉末，所以除了 CJP 技术，包括 3D 砂模铸造、黏合剂喷射金属打印、黏合剂喷射陶瓷打印、黏合剂喷射玻璃打印等采用的也是类似原理。

如图 6-24 所示，CJP 技术可以用 CMYK 原理全彩色打印复杂零件，表达渐变，加上部分厂商设备的纹理贴图功能，可以创建出逼真的产品外观。

3DP 打印的不足主要有以下两点：因为是粉材粘接，受胶黏力和材质致密度等影响，直接得到的制件产品力学性能稍差，强度、韧性相对较低，不适合组装测试品，适用于外观确认与展示品用；通常需要对制件进行后处理。

3DP 技术适合的行业跨越汽车、包装、教育、鞋业、医疗、航空以及通信等领域，产品具有多样性，可应用于设计过程的每个阶段。

石膏类粉末制成的概念模型用于设计交流和设计迭代，包括颜色和纹理验证，如图 6-25 所示的有限元分析仿真表达、人体工程设计研究等，向商业用户和终端用户展示成品形态等。制鞋工业许多运动品牌就利用全彩色 3DP 打印高生产力与高性价比的特点，通过与实物效果几乎完全一致的产品输出帮助设计、生产、市场部门理解和交流设计，迅速响应客户需求变化，缩短产品开发周期。

图6-24　CJP打印样品

图6-25　有限元分析仿真表达

3DP 技术可从 CAD 数据直接制造铸件型芯型腔，提高铸造工艺生产效率。可直接打印不锈钢粉、钨粉、钛化钨粉等材料并经后处理制成金属件。可打印出氧化铝部件毛坯，再通过等热静压烧结出致密性很高的结构陶瓷件。

6.3.5 选择性激光烧结成型技术（SLS）

（1）工艺原理及制造过程

选择性激光烧结成型技术（Selective Laser Sintering，简称 SLS）在加工部件截面层时与 SLA 系统类似，都是用激光逐层描绘，但是建造材料是粉末基材，而且光源不同，是基于烧结结合的基本原理。具体来说，在烧结结合的过程中，CO_2 激光束选择性地照射到预铺的薄层粉末材料上，在激光束作用下，粉末颗粒的温度升高至玻璃转化温度之上，材料从固态开始变软至胶状形态，但还没有达到超过熔点温度时完全熔化的液体形态。在这种状态下，颗粒开始变软并在重力作用下变形，导致表面与其接触的其他颗粒或固体变形并将这些接触面熔融在一起，发生颗粒结合，包括与前一层已烧结部分结合形成一个固体。与熔化相比，烧结的优势在于它将粉末颗粒结合成固体形状不需要经过液体阶段，因此避免了熔化时液体材料流动导致的变形。冷却后，粉末颗粒以矩阵的形式相连，与颗粒材料的密度相近。材料的玻璃化温度比熔点要低，比如 Nylon12 的玻璃化温度范围是 125～155℃，熔点在 160～209℃。

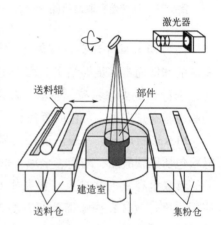

图6-26 SLS制造过程

如图 6-26 所示，SLS 的加工过程如下。

① 将薄薄一层受热可熔的粉末涂抹在部件建造室。

② 在这层粉末上用 CO_2 激光选择性地扫描模型第一层的横截面图案。

③ 当激光束与粉末的反应温度达到玻璃转化温度，粉末颗粒被熔接并形成固体。激光束强度被精确控制在仅熔接部件截面区域。周围的粉末仍保持松散的粉状，起到支撑作用。

④ 当一层横截面被扫描加工完成，成型室下降一定高度，再由铺粉辊将新一层粉末涂抹到前一层上，为下一次扫描做准备。

⑤ 重复逐层扫描固化，使每层都能与上一层融合，直至打印完毕。

由于烧结过程中将一层颗粒温度升高至玻璃转化温度所需的能量比用光固化方法获得相似厚度所需能量高出 300～500 倍，因此通常要用辅助加热器将待烧结粉末加热到略低于烧结温度。而且加热过程中需要惰性气体环境保护，以防止氧化或粉末颗粒引起爆炸。

影响 SLS 性能和功能的参数有：粉末特性及其烧结后的力学性能，激光束精度、扫描图案曝光参数，机器分辨率。烧结过程中颗粒的填充密度将影响部件的密度，通常填充密度越大，部件力学性能越好。SLS 的填充密度与 3DP 相当，一般在 50%～62%。

（2）性能特点与应用

和 CJP 技术类似，因为制造过程中未烧结的粉末天然成为支撑体，所以在 SLS 生产设计中无须考虑多余的支撑结构，也无须在打印完毕后移除支撑。制造结束后，部件可以从建造室中移走，松散的粉末很轻易脱落，如图 6-27 所示，节省了大量时间。

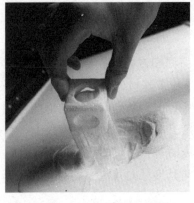

图6-27 从建造室取出部件

图6-28 SLS加工的产品

因为 SLS 部件建造过程处于被精确控制的环境中，所以部件稳定性良好。激光烧结完成的部件通常都足够结实。部件足够精细，几乎没有后期处理。但可能需要根据原型用途，进行少量去除颗粒、砂磨、涂漆、着色等二次加工。如图 6-28 所示，SLS 直接获得的制件基本是白色、灰色或者黑色。

SLS 选材广泛，一般来说任何粉末状的材料都可用于 SLS，使用较多的是尼龙，其他材料包括聚碳酸酯、陶瓷、金属（低熔点金属或者高分子材料的混合粉末）等。

SLS 也存在一些缺点：设备本身占地面积大，还需要有额外的储存空间放置工作时使用的惰性气体；由于需要高瓦数激光烧结粉末颗粒，因此系统耗能高；因为是颗粒尺寸较大，受热熔接成型，所以实体存在微小孔隙，生产出的部件表面相比 SLA 制件较为粗糙。

SLS 系统的应用范围非常广泛，除了制造用来检查设计概念、形式和风格等的概念模型，还可以制造承受能功能测试或安装、运行的原型和部件。因为系统成型精度高，且无须额外支撑，SLS 能够生产难以用其他方式生产的复杂几何形态，以及一些轻量化组件和大规模定制产品，比如耐冲击耐高温零件、带有卡扣连接和活动铰链的零件、复杂管道件等。

SLS 还能快速制造铸型，应用可铸聚苯乙烯材料生产熔模铸型，可利用其材料燃料烧尽周期短且残余灰烬低（低于 0.02%）的优点，通过熔模铸造生产复杂的形体。比如可以间接地制造像钛、镁这样的活性金属产品，或是接近网状的低熔点金属（如铝、锌）零件。生产过程比蜡模建造更快，非常适用于有薄壁和精致细节的设计。

6.3.6 选择性激光熔化成型技术（SLM）

（1）工艺原理及制造过程

选择性激光熔化成型技术（Selective Laser Melting，简称 SLM）的加工对象是范围更广泛的金属粉末。与 SLS 相似，SLM 设备发出的激光通过振镜控制器，根据分层截面形状有选择地将预先铺设的金属粉末层完全熔化，而不是金属粉末烧结，是激光束熔融每一层轮廓。再通过升降台下降、铺粉，循环完成每层的熔化成型。图 6-29 是 SLM 建造室正在加工的状态。

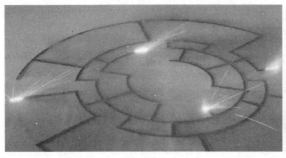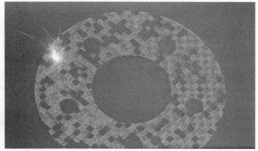

图6-29　SLM加工过程

（2）性能特点与应用

SLM 技术优点很多。金属粉末熔化后连接的强度和精度都高于 SLS，成型件的致密度可达到 100%，成型质量高。因为成型过程分辨率高，产生的热量少，成型件没有或很少有扭曲变形，具有很高的尺寸精度。可成型内部有孔隙的复杂结构件和随形冷却的管道等。

SLM 加工不需要二次加工工艺，比如热处理和渗透处理，整体成本低。可成型的材料也非常广泛，包括不锈钢、工具钢、钛、铝、钴铬合金、有色金属，甚至黄金。

SLM 系统的主要缺点与 SLS 设备相似，设备占地空间非常大。因为需要熔化金属粉末，耗费的能量更高。成型速度相对较慢，成型速率普遍不超过 200cm³/h，与 DLP 高速成型机 6000cm³/h 以上的速度不可比拟。

SLM 系统可以用来制作制造工具，如快速模具、镶件、模芯、型腔。也可以使用特定金属粉末材料制备功能性的成型件，比如应用 316 不锈钢和钛制造生物医疗植入体，一些航空航天构件等（图 6-30）。

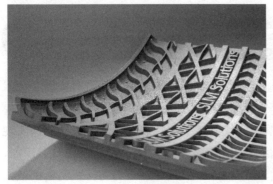

图6-30　SLM生产的轮胎模具（部分）和汽车部件

6.3.7 其他技术

（1）电子束熔化成型技术（EBM）

电子束熔化成型过程是由计算机控制电子光束在真空环境下聚焦到指定位置，金属粉层获得电子的动能熔化，电子束按分层逐层完成熔化过程最后形成实物。

因为电子束熔化是在真空环境中进行，适合诸如钛合金等活性材料加工，消除氧化，保持精度。电子束的高能可以确保沉淀的速度和均匀的温度分布，这样就可以提供良好的力学性能和物理特性。偏转电子束较高的能量能使熔化过程高速而有效。

电子束熔化技术的缺点除了类似前面 SLS、SLM 设备占地大，耗能高以外，还会在使用过程中会产生 γ 射线，需要额外防护。

电子束熔化成型可被应用于快速成型的模具、夹具等生产。可利用高精度成型加工耐腐蚀的生物相容性材料，制造具有复杂孔隙的医疗植入物，促进点和多孔表面在骨骼移植中的生长。EBM 也给航空航天行业节约成本提供了巨大的潜力，给设计师提供创新系统和应用工具。

（2）生物类 Bioplotter 技术

EnvisionTec 公司的 Bioplotter 技术能用生物材料甚至活细胞打印制造支架结构。RegenHU 公司的 3DDiscoverery 和 BioFactory 生物打印设备用的生物墨水是一种半合成水凝胶，支持不同种类细胞的生长，能在三维支架中对细胞、胚胎组织进行空间上的控制，可以利用细胞组织制造接近天然组织的活性器官模型，让人们能控制细胞、学习生物和机械细胞以及分子的反应过程。

（3）快速冷冻成型技术（RFP）

与大部分增材制造设备不同，RFP 打印技术使用的是冷冻水滴，除了便宜和环保，这种技术还有较好的精细分辨率和较高的打印速度，已被应用于熔模铸造开发。缺点则是需要冷环境，后期处理也需要低温条件，制成的模型不能直接使用，在成型环节上又增加了成本和时间。实际应用中，冰雕是一种容易想到的应用场景。除此以外，还可以利用冰模制作紫外固化的硅胶模具，再由硅胶模具制造所需的金属部件，冰模比塑料或蜡质模更容易移除，可以避免因脱模导致损失模具精确度，使用户无须很多经验优化脱模设计就能制造复杂模具。

6.4　增材制造设计应用实例

增材制造技术被广泛应用于工业制造、建筑、服装鞋帽、影视道具、玩具动漫、艺术设计、首饰、文物保护、生物医疗、食品等领域。相对传统制造而言，增材制造无须模具，属于一次成型，能达到很高的精度，它既能完成复杂结构的表达，又能灵活制造实现部件的轻量化，能够节约大量时间和成本。因此，在工业生产中增材制造应用日益广泛，无论是小批量、多品种生产，还是原型制作、方案验证、模具开发，都与传统精密制造衔接，给人们提供了成熟的生产工艺选择。

6.4.1 日用消费

工业设计、产品设计专业学生接触较多的是日用消费品设计，在设计过程中迸发出的想法可以在纸面快速表达，但是因为不是立体形态，没有空间尺度的真实体验，常常容易在方案比较时出现纠结，而用传统方式制作模型形态又费时费力，会极大影响设计进程。增材制造生产原型快捷便利，可以给设计者提供充分的条件进行方案筛选比较和优化（图 6-31）。

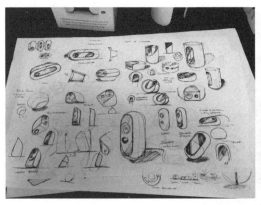

图6-31　设计过程增材应用

微软 3D 模型打印车间在产品设计出来之后，通过打印如图 6-32 所示的模型让设计制造部门能更好地改良设计，打造出视觉体验更好的产品。

图6-32　Xbox系列X和S原型

在日用消费品领域，还可以利用 3D 打印的定制化优势，通过赋予产品更多个性化特点，吸引不同人群（图 6-33）。

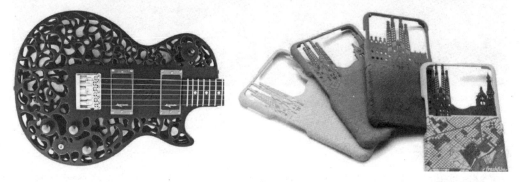

图6-33　定制产品

6.4.2 汽车行业

如图 6-34 所示，2013 年世界上首辆增材制造的汽车原型 Urbee 全车身采用 3D 打印技术一体成型，整车零件打印共 2500 个小时，远远快于传统汽车制造周期。

图6-34　Urbee原型车

因为增材制造具有更快的速度和更低的零部件成本，可以在数小时或数天内制作出概念模型，从而帮助整车厂和零配件厂商优化设计，并加速产品概念验证流程。增材制造可以实现不同机械性能的精准功能原型制作，让制造商在前期可以随时修正错误并完善设计。增材制造可以快速准确地生产工装夹具，大幅降低了工具生产的成本和时间，使汽车制造商能迅速提升产能效率和质量。

目前，国内外车企、零部件厂商甚至部分售后服务供应商已采用3D打印技术开发概念模型、功能验证原型，生产工具和小批量定制型最终部件等。在造型评审、设计验证、复杂结构零件、多材料复合零件、轻量化结构零件、定制专用工装、售后个性换装件等方面帮助工程师和设计人员在投产前进行全面评估，大幅降低企业研发成本，缩短产品上市时间。

从材料上来说，塑料件由于种类及性能限制，多用于研发试制。而金属件由于成本高、生产效率低，更多局限在小范围的高端性能改进。如图6-35所示是奥迪汽车尾灯样机。

图6-35　奥迪汽车尾灯样机

6.4.3 航空航天

增材制造和传统制造都有各自的优势，增材制造并不能取代传统制造技术，但是高性能、低成本、短周期的技术优势使很多传统方法难以加工的构件生产成为可能。

飞行器的设计制造对结构和材料都有很高的要求，复杂结构件或大型异构件的比例越来越高。钛合金因为在耐热性、强度、塑性、韧性、耐蚀性和生物相容性方面具有较好的性能，成为航空工业中的重要材料。但是高强度的钛合金也极大增加了成型和焊接加工时的难度，一般多用在国防领域或民用航空的重要结构件中。大型整体钛合金结构件用量已成为衡量国防装备技术和航空工业技术先进性的重要标志之一。

传统飞机钛合金大型关键构件的制造主要依靠铸造、锻造和机械加工。通过熔铸大型钛合金铸锭、锻造制坯、加工大型锻造模具，再用万吨级水压机等大型锻造设备锻造出零件毛坯，最后对毛坯零件进行大量机械加工。但这种制造方式材料浪费严重，而且锻造钛合金的尺寸也受限制，整个工序耗时费工，花费可高达数亿到数十亿不等，仅大型模具的加工就要用一年以上的时间，万吨级水压机工作时对电力的需求也是巨大的。

针对这类大型、结构复杂、高性能且难加工的金属采用激光或电子束技术直接快速成型是一种可行的方法。北京航空航天大学王华明教授团队，围绕大飞机等国家重大专项及重大装备制造业发展的战略需求，研制出代表着先进制造技术发展方向、在重大装备制造中具有重大应用价值的"高性能难加工大型复杂整体关键构件激光直接制造技术"。已能做出外廓尺寸超过 12 平方米的飞机高性能钛合金主承力结构件，使我国成为目前世界上唯一突破飞机钛合金大型主承力结构件激光快速成形技术，并实现装机应用的国家。2012年 1 月国家科技奖励大会上，王华明教授的"飞机钛合金大型复杂整体构件激光成形技术"获得国家科技发明一等奖。

除 C919 客机大型机头整体件和机鼻前段，这项技术也已应用于国产歼-15、歼-31 和歼-20 战斗机以及其他多个国产航空科研项目的原型机和批产型号的制造中（图6-36）。还在许多高精尖武器设备中运用并发挥关键作用，如涡扇 13 等 3 种航空发动机和 1 型燃气轮机等重点型号。

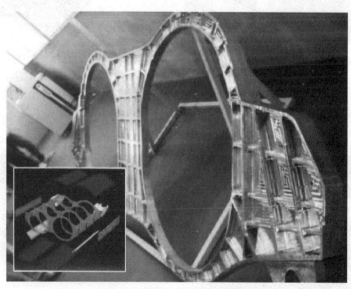

拓展案例

2022冬奥会火炬应用

建筑行业中的应用

图6-36　某型飞机钛合金结构件

6.4.4 服装鞋帽

3D 打印技术的应用对于运动鞋制造来说是一次技术革新。相对于传统的研发过程，3D 打印技术打破了模具对鞋底形状和性能的限制，使定制变得更加精准，可以根据脚型来做出补偿。对于运动员来说，这项技术可以使足部处于舒适安全的状态，能真切地降低运动过程中受伤的概率。3D 打印运动鞋甚至能够对一些足部有疾病的用户起到矫正、康复的作用。

从定制化的角度来看，3D打印技术实际上是相对降低成本的。传统球鞋制作工艺需要开模具，模具费用对普通人来说是过于昂贵的，但3D打印技术成本显著低于模具价格，与此同时，3D打印技术还缩短了产品制造时间，减少时间成本，便于用户快速得到专属产品。

此外，3D打印运动鞋可能的推广销售也与时下盛行的新零售概念十分贴合，消费者可以感受从数据采集到制作的过程，这是传统产品不具备的全新体验。

国内李宁、匹克等企业目前也投入相关研发中。李宁运动科学研究中心充分利用增材制造技术特点，从原材料开始，研究运动鞋底部参数结构化设计、表面工艺处理等，推出个人定制化3D打印运动鞋。整个过程有以下步骤。

第一，对消费者足部进行三维扫描，获取包括足长，足宽等参数的足部外形基础数据。

第二，通过足底压力测试设备采集跑步过程中足底压力动态分布，得到足底各处的压力分布区域和压力大小等数据（图6-37、图6-38）。

图6-37 采集鞋底压力动态分布　　　　　图6-38 有限元分析网格疏密与压力大小的关系

第三，获取以上全部数据后，结合体重等采用参数化建模以及有限元仿真分析，由程序自动生成疏密分布的足底减震区域三维网格结构，获得完全匹配体重、足型以及足底压力动态分布的3D打印鞋底结构（图6-39）。

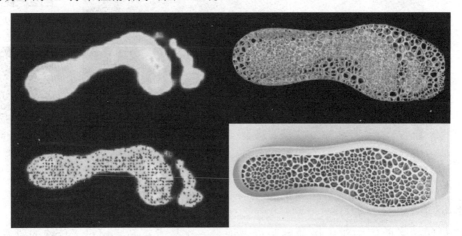

图6-39 足底压力转化生成3D打印鞋底结构流程

第四，将软件自动生成的鞋底结构进行3D打印，选择前期已经调试好的粉末材料和激光烧结工艺参数进行鞋底的增材制造。如图6-40所示是已完成鞋底增材制造的定制运动鞋。

图6-40 完成鞋底增材制造的定制运动鞋

服装界纤维技术与增材制造技术的发展进步可以碰撞出更多火花,在此不再赘述,仅展示效果一二。图 6-41 是时装设计师 Iris van Herpen 应用 3D 打印机制作完成的作品。

6.4.5 影视道具

影视行业中,道具通常都需个性化定制,而增材制造相比传统方式效率高,成本低,关键是可以表达各种平时难以得到的复杂样式,几乎可应用于各类影视项目。以 2023 年春节档国产科幻大片《流浪地球2》为例,影片上映后在海内外备受好评,除了震撼人心的视觉特效,影片中未来感十足的道具也赢得了大波流量。其中演员所穿戴的宇航服以及智能量子计算机 MOSS 等道具均采用 3D 打印技术制造(图 6-42)。

图6-41 Iris van Herpen时装设计

图6-42 《流浪地球2》影片剧照及道具产品

6.4.6 玩具动漫

动漫设计者可以将制作过程中的动画场景、人物形象快速地表达出来,用于设计探讨。当然,对于动漫爱好者而言,就可以直接将钟爱的角色形象变成更加直观的收藏品。如图 6-43 所示是一件粉末类人像 3D 打印作品。

图6-43　人像3D打印

与之相近的玩具设计开发中，无论是专业设计师还是普通人都可以借助快速成型自主设计。对玩具制造企业来说，借助该技术实现了传统产品开发模式的升级，可以快速打样，降低了产品开发周期及成本。

6.4.7 艺术设计

创造力和想象力是艺术设计的核心，传统加工行业的技术局限性使得很多概念性设计难以实现，新兴的数字雕刻与增材制造这对创造性的组合，可以帮助创作者在短时间里将创意转变为现实，将概念物化，摆脱了过去二维平面表达的抽象性，更加便于受众理解，特别是在制造精细形态和模型方面，增材制造提供了可靠的实现方式（图6-44）。

图6-44　艺术摆件

6.4.8 首饰行业

一开始增材制造在首饰行业应用于定制服务，用于得到独一无二的样式。如图6-45所示为基于相近概念的增材制造首饰设计方案。

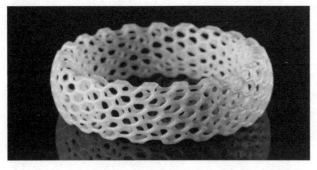

图6-45 首饰设计

目前增材制造在首饰行业的应用主要有以下几种方式。

（1）打印蜡模用于翻模铸造

这是一种比较成熟的方式，通过增材打印出高精度的蜡模，再用金属材料进行铸造翻模，稍进行表面处理就能得到最终成品。

（2）金属打印

随着金属打印技术水平日益提高，表面精度直逼机械加工的水准，现在也可以通过直接金属打印得到制品，如果需要的不是磨砂感表面，还需要较多的表面处理。

（3）其他材料直接打印

一些短时间内应用的首饰制品，不需要高级的材质和耐用性，多在一些活动中使用，通常这类首饰设计样式好看，成本也很低，很多年轻女孩是比较喜欢的，也类似于对影视道具的要求。

拓展案例

文物保护　　　生物医疗　　　食品工业

思考题

1. 展望增材制造技术给人们未来生活带来的变化。

2. 比较并描述增材制造技术中立体光固化成型（SLA）、选择性激光烧结成型（SLS）、选择性激光熔化成型（SLS）的异同。

3. 谈一谈产品设计过程各环节分别可以应用哪些适用的增材制造技术。

第 7 章

材料创新

导读

　　新材料是指新出现的具有优异性能或特殊功能的材料，或是传统材料改进后性能明显提高或产生新功能的材料。新材料是国际竞争的重点领域之一，也是决定一国高端制造及国防安全的关键因素。新材料的不断发展给产品造型设计带来了很大的变化，更多材料的选择造就了多样的产品形态，从而改变了人类的生活方式。现在人类进入了一个以高性能材料为代表的多种材料并存的时代，新材料的使用不仅使生产力获得极大的解放，也极大地推动了人类社会的进步。

7.1　材料创新概述

　　新材料是指新出现的具有优异性能或特殊功能的材料，或是传统材料改进后性能明显提高或产生新功能的材料。根据国家统计局印发的《战略性新兴产业分类》，新材料产业可以细分为先进钢铁材料、先进有色金属材料、先进石化化工新材料、先进无机非金属材料、高性能纤维及制品和复合材料、前沿新材料、新材料相关服务。

　　新材料是国际竞争的重点领域之一，也是决定一国高端制造及国防安全的关键因素。长期以来，新材料产业的创新主体是美国、日本和欧洲等发达国家和地区，中国、韩国、俄罗斯紧随其后，目前属于全球第二梯队。2019年国家制造业转型升级基金成立，并将新材料作为三大重点方向之一。随着竞争愈演愈烈，关键新兴产业如半导体、5G等对上游材料的自主可控需求明显提升，也催生产业链相关材料产业转移和技术更新。同时我国经济增速换挡回落进入改革攻坚阶段，传统产业如汽车、消费电子、建材等领域仍有较多关键材料需要依赖进口，技术迭代升级也对材料提出了更高的要求。

　　新材料的不断发展给产品造型设计带来了很大的变化，更多材料的选择造就了多样的产品形态，从而改变了人类的生活方式。设计大师马歇尔·布劳耶于1925年设计了世界上第一把钢管皮革椅——瓦西里椅，这是人类史上第一次把钢管作为原材料融入椅子的设计制作中，开启了金属家具的序幕（图7-1）。从20世纪50年代起，丹麦设计大师维纳·潘顿开始对玻璃纤维增强塑料和化纤等新材料进行研究，他设计的潘顿椅色彩艳丽，具有强烈的雕塑感，舒适典雅，符合人体的尺寸，被世界许多博物馆收藏，诞生以来畅销至今（图7-2）。潘顿椅的成功成为现代家具史上革命性的突破，颠覆了椅子的造型和色彩。在

图7-1　瓦西里椅

图7-2　潘顿椅

当时，这两种材料在制作家具上都属于新材料，不单单是产品本身，更是从设计理念上打开了一扇门。从此之后钢管作为原材料开始广泛地应用于家具的设计中，同时也推动了设计师们对新材料的发掘和探索，现在看来他们的出现改变了设计史。

现在我们进入了一个以高性能材料为代表的多种材料并存的时代，新材料的使用不仅使生产力获得极大的解放，也极大地推动了人类社会的进步。材料是人类赖以生存和发展的物质基础，人类文明的历史在一定意义上是人类认识探索创新和使用材料的历史。新材料是营造未来世界的基石，如果没有 20 世纪 70 年代制成的光导纤维，就不会有现代的光纤通信，如果没有制成高纯度大直径的硅单晶，就不会有高度发展的集成电路，也不会有今天如此先进的计算机和电子设备。

新材料是设计师创新设计的重要着眼点之一，设计师通过尝试采用新材料对传统命题进行革新，或借鉴甚至试验新的成型技术、表面加工技术，对传统材料的成型性表面肌理等进行大胆尝试，设计出大量的极具创新性的产品。能否将材料与功能有机地结合起来，将材料特性在使用中发挥得淋漓尽致，则有赖于对材料特性的全面、深刻的认识和掌握，因此设计师在设计过程中，应将设计材料的范畴扩展到最大范围，突破传统，才能独树一帜，开拓创新。

设计的目的是创造出优秀的产品或系统，而材料是设计实现的基础。材料的特性直接影响了设计的可能性和可行性。设计师必须考虑使用哪种材料最适合实现设计的要求。例如，需要考虑材料的强度、耐久性、重量、刚度、导热性、耐腐蚀性等特性，以及材料的可用性、成本和环保性等方面。这些因素将对设计的决策产生重大影响。另外，材料的选择也可能影响到设计的美感和风格。不同材料的颜色、质感和表面处理都会影响最终产品的外观和感觉。

总之，材料和设计是相互依存的。一个好的设计需要考虑材料的特性和限制，而一个好的材料选择也需要考虑设计的需求和目标。通过精心的材料选择和设计，可以实现更高效、更可持续和更美观的产品和系统。

7.2　新型材料的类型

新材料可以从结构组成、功能和应用领域等多种不同角度对其进行分类，不同的分类之间相互交叉和嵌套。目前，一般按应用领域和当今的研究热点把新材料分为以下主要领域：电子信息材料、新能源材料、纳米材料、先进复合材料、先进陶瓷材料、生态环境材料、新型功能材料（含高温超导材料、磁性材料、金刚石薄膜、功能高分子材料等）、生物医用材料、高性能结构材料、智能材料、新型建筑及化工新材料等。

7.2.1　纳米材料

纳米材料是指由尺寸小于 100nm（0.1 ～ 100nm）的超细颗粒构成的具有小尺寸效应的零维、一维、二维、三维材料的总称。纳米材料的概念形成于 20 世纪 80 年代中期，由于纳米材料会表现出特异的光、电、磁、热、力学、机械等性能，纳米技术迅速渗透到材料的各个领域，成为当前世界科学研究的热点。种种优异性能给纳米材料带来了广阔的应用前景，主要用途有医药工业，家电工业，电子计算机和电子工业，环境保护，纺织工业，机械工业，体育健身工业。按物理形态分，纳米材料大致可分为纳米粉末、纳米纤维、纳米膜、纳米块体和纳米相分离液体等五类。

当前的研究热点和技术前沿包括：以碳纳米管为代表的纳米组装材料；纳米陶瓷和纳米复合材料等高性能纳米结构材料；纳米涂层材料的设计与合成；单电子晶体管、纳米激光器和纳米开关等纳米电子器件的研制、C60超高密度信息存贮材料等。

2004年运动品牌威尔森（Wilson）开始使用nCode技术，通过使用纳米科技，威尔森突破了以往的结构层面，开创了全新的球拍框架，使得球拍使用寿命更长，击球力度更大，发挥威力更大。nCode球拍相比普通球拍硬度强2倍，稳定度高出2倍，力度高出22%，这也是威尔森首次使用纳米技术（图7-3）。威尔森后续开发的产品也有很多使用了纳米碳纤维结构，比如后续很多网球名将使用的威尔森K factor（图7-4）。

图7-3 威尔森nCode纳米球拍

图7-4 威尔森K factor球拍

Lotus Nano纳米荷叶仿生技术能防止液体或固体的污物结聚在物体表面上，并能在清水的冲淋下，自行清洁表面的尘埃与固体的污物（图7-5、图7-6）。一旦有液体或固体污物因压力或密切接触而附着在布面时，纳米自清洁功能便开始发挥作用。这层纳米结构模仿荷叶表面，更有效地防水、防油。这种材料使用在服装上可以更大程度地减少洗涤，从而更加环保，此外还兼备出色的抗紫外光性能，适用于户外穿着。

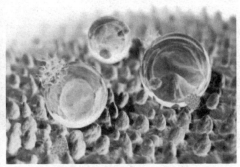

图7-5 荷叶表面结构示意图

图7-6　Lotus Nano的应用场景

这都是很成熟的技术，已经被广泛应用到日常生活中了，比如人们日常穿着的冲锋衣，很多就是运用了荷叶仿生技术。

7.2.2 超导材料

超导材料指当温度下降至某一临界温度时，其电阻完全消失，这种现象称为超导电性，具有这种现象的材料称为超导材料。超导体不仅具有零电阻的特性，另一个重要特征是完全抗磁性。

超导材料最诱人的应用是发电、输电和储能。利用超导材料制作超导发电机的线圈磁体，可以将发电机的磁场强度提高到5万～6万高斯，而且几乎没有能量损失，与常规发电机相比，超导发电机的单机容量提高5～10倍，发电效率提高50%；超导输电线和超导变压器可以把电力几乎无损耗地输送给用户，节省的电能相当于新建数十个大型发电厂。超导量子干涉仪（SQUID），在商业领域主要应用于医学领域的MRI（核磁共振成像仪），基础科学研究领域，已经应用于欧洲的大型项目——LHC项目，帮助人类寻求宇宙的起源等科学问题，还可以用于勘探地底石油与矿物，军事上有增强反潜机探测潜艇的能力，但还在理论阶段。

超导滤波器，目前已经产业化。民用手机和无线网的普及造成大气中电磁信号极度复杂化，许多通信装置和气象观测机受到干扰，超导滤波器有很强的滤波能力，使这些旧型装置重新发挥功能。

超导磁悬浮列车的工作原理是利用超导材料的抗磁性（图7-7、图7-8）；由于超导体天然就有磁浮效应，几乎不用任何机械设计，理论上能建造极度廉价却又超过飞机速度的列车。

图7-7　上海磁悬浮列车

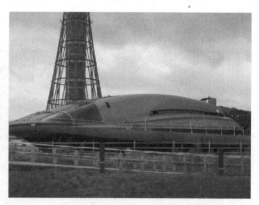

图7-8　磁流体推进船

7.2.3 生态环境材料

生态环境材料又称绿色材料，是指同时具有满意的使用性能和优良的环境协调性或是能够改善环境的材料，生态环境材料的研究进展将有助于解决资源短缺，环境恶化等一系列问题，促进社会经济的可持续发展。生态环境材料是在人类认识到生态环境保护的重要战略意义和世界各国纷纷走可持续发展道路的背景下提出来的，是国内外材料科学与工程研究发展的必然趋势。一般认为生态环境材料是具有满意的使用性能同时又被赋予优异的环境协调性的材料。

这类材料的特点是消耗的资源和能源少，对生态和环境污染小，再生利用率高，而且从材料制造、使用、废弃直到再生循环利用的整个寿命过程，都与生态环境相协调。主要包括：环境相容材料，如纯天然材料（木材、石材等）、仿生物材料（人工骨、人工器脏等）、绿色包装材料（绿色包装袋、包装容器）、生态建材（无毒装饰材料等）；环境降解材料（生物降解塑料等）；环境工程材料，如环境修复材料、环境净化材料（分子筛、离子筛材料）、环境替代材料（无磷洗衣粉助剂）等。

生态环境材料研究热点和发展方向包括再生聚合物（塑料）的设计、材料环境协调性评价的理论体系、降低材料环境负荷的新工艺、新技术和新方法等。

比如海洋塑料污染问题日益严峻，阿迪达斯设计了一款跑鞋，鞋面由从马尔代夫海滩和海岸社区收集来的塑料垃圾制成的纱线编织而成（图7-9）。

图7-9 阿迪达斯跑鞋

伦敦的设计师Brodie Neill擅长回收利用海洋塑料垃圾，还自己打造了一种材料——海洋水磨石（图7-10）。海洋水磨石的制作方法跟普通水磨石没差别，只不过把小块的花岗岩或大理石换成了海洋里的塑料垃圾，并用树脂固定封存，然后用这种材料制作成了很多美丽的家具。这些由海洋塑料产生的新材料，可以减少污染，具有可再生性，节省能源。

斯洛伐克设计师Šimon Kern利用树叶作为原材料，制造出了一把椅子，制作过程中还使用了一种特殊的黏合剂，是从地沟油中提取的一种生物树脂（图7-11）。当这把椅子坏了以后，放在树下，它可以自然降解，为树提供养料。

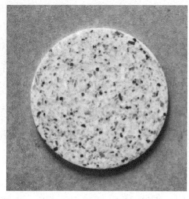

图7-10　海洋水磨石

图7-11　落叶椅

这些都是很好地从设计入手的绿色材料设计案例。

7.2.4 智能材料

20世纪80年代中期人们提出了智能材料（Intelligent Material）的概念：智能材料（Intelligent Material），是能感知环境变化并能实时地改变自身的一种或多种性能参数，作出所期望的、能与变化后的环境相适应的复合材料或材料的复合的新型功能材料。智能材料是一种集材料与结构、智然处理、执行系统、控制系统和传感系统于一体的复杂的材料体系。它的设计与合成几乎横跨所有的高技术学科领域。构成智能材料的基本材料组元有压电材料、形状记忆材料、光导纤维、电（磁）流变液、磁致伸缩材料和智然高分子材料等。智能材料是继天然材料、合成高分子材料、人工设计材料之后的第四代材料，是现代高技术新材料发展的重要方向之一，将支撑未来高技术的发展，使传统意义下的功能材料和结构材料之间的界线逐渐消失，实现结构功能化、功能多样化。科学家预言，智能材料的研制和大规模应用将导致材料科学发展的重大革命。一般说来，智能材料有七大功能，即传感功能、反馈功能、信息识别与积累功能、响应功能、自诊断能力、自修复能力和自适应能力。

智能材料一般由传感器或敏感元件等与传统材料结合而成。这种材料可以自我发现故智能材料可分为两大类。

① 嵌入式智能材料，又称智能材料结构或智能材料系统（图7-12）。在基体材料中，嵌入具有传感、动作和处理功能的三种原始材料。传感元件采集和检测外界环境给予的信息，控制处理器指挥和激励驱动元件，执行相应的动作（图7-13）。

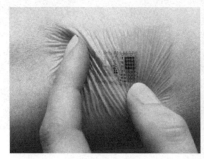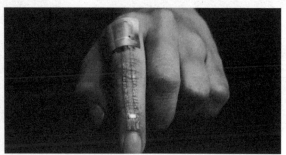

图7-12　嵌入式智能材料

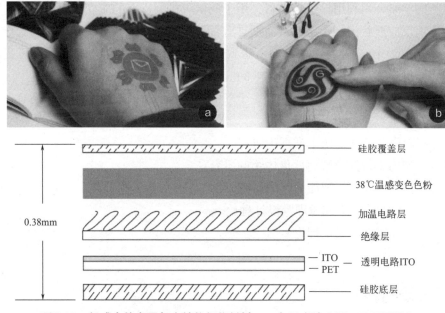

图7-13　低成本的多层复合结构智能材料——电子皮肤（图：王亚男绘）

② 有些材料微观结构本身就具有智能功能，能够随着环境和时间的变化改变自己的性能，比如形状记忆材料，对一定条件下的形状具有记忆功能电流变液，在一定电流强度下实现液固转变，感光镜片根据强度变化调整明暗等，这些都是智能材料。记忆合金被用作人造卫星或宇宙飞船上的半球形网状自展天线，先把天线在低温下折叠成小团，放在卫星或飞船里发射或升空后通过加热或利用太阳能使天线从折叠状态展开呈工作状态（图7-14）；记忆合金在临床医疗领域内有着广泛的应用，例如人造骨骼、伤骨固定加压器、牙科正畸器、各类腔内支架、栓塞器、心脏修补器、血栓过滤器、介入导丝和手术缝合线等，记忆合金在现代医疗中正扮演着不可替代的角色。在艺术设计领域也有应用，比如采用镍钛记忆合金材料制作的花瓣灯具，花瓣在相应的温度下慢慢绽放（图7-15）。

图7-14　网状自展天线

图7-15　镍钛记忆合金"花瓣"

　　智能材料还在不断的研究和开发之中，相继出现了许多具有智能结构的新型的智能材料。如，英国宇航公司利用导线传感器，用于测试飞机蒙皮上的应变与温度情况；英国开发出一种快速反应形状记忆合金，寿命期具有百万次循环，且输出功率高，以它作制动器时，反应时间仅为 10 分钟；压电材料、磁致伸缩材料、导电高分子材料、电流变液和磁流变液等智能材料驱动组件材料在航空上的应用取得大量创新成果。

　　智能材料的出现将使人类文明达到一个新的高度，但目前距离实用阶段还有一定的距离。今后的研究重点包括以下六个方面。

　　a. 智能材料概念设计的仿生学理论研究。

　　b. 材料智然内禀特性及智商评价体系的研究。

　　c. 耗散结构理论应用于智能材料的研究。

　　d. 机敏材料的复合 - 集成原理及设计理论。

　　e. 智能结构集成的非线性理论。

　　f. 仿人智能控制理论。

7.2.5 新能源材料

　　新能源和再生清洁能源技术是 21 世纪世界经济发展中最具有决定性影响的五个技术领域之一，新能源包括太阳能、生物质能、核能、风能、地热能、海洋能等一次能源以及二次电源中的氢能等。新能源材料则是指实现新能源的转化和利用以及发展新能源技术中所要用到的关键材料。主要包括储氢电极合金材料为代表的镍氢电池材料、嵌锂碳负极和 $LiCoO_2$ 正极为代表的锂离子电池材料、燃料电池材料、Si 半导体材料为代表的太阳能电池材料，以及铀、氘、氚为代表的反应堆核能材料等。2022 年比亚迪在汉车型中，搭载了使用磷酸铁锂技术的刀片电池，该电池在安全性上非常具有突破性，是全球唯一可安全通过针刺测试的动力电池（图 7-16）。

　　当前的研究热点和技术前沿包括高能储氢材料、聚合物电池材料、中温固体氧化物燃料、电池电解质材料、多晶薄膜太阳能电池材料等。

图7-16　比亚迪汉EV纯电轿车

早在 1957 年时，美国福特公司就曾研制出首款核动力电车，2009 年凯迪拉克也推出了他们的首款核动力概念车 WTF（World Thorium Fuel），这是一款用钍燃料的核动力汽车，钍在核反应中可以转化为铀 -233，也就是原子燃料，以此产生电力来驱动车辆电机（图7-17）。外形科幻得如同飞碟一般，单次注入核燃料，能够行驶超过 8000km。只是这两家大型汽车公司所推出的核动力汽车都没有做到普及，当前我们所能了解到的应用核动力的设备，除了核电站就只有核潜艇以及核动力航母，核动力汽车也仅存在于想象概念层面，并没有成为现实。

图7-17　凯迪拉克核动力概念汽车WTF

广汽埃安 Aion LX Fuel Cell 氢燃料电池汽车在氢燃料电池动力系统方面，具有较高的技术水准（图 7-18）。车辆的配置表信息显示，该车的续航里程高达 650km，且 3 ～ 5min 就可完成氢气加注工作，与传统的燃油车使用体验几乎无异。

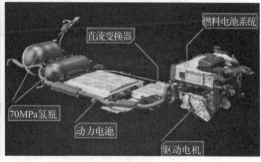

图7-18　广汽埃安Aion LX Fuel Cell氢燃料电池汽车

7.2.6 生物医用材料

生物医用材料是一类用于诊断、治疗或替换人体组织、器官或增进其功能的新型高技术材料，是材料科学技术中的一个正在发展的新领域，不仅技术含量和经济价值高，而且与患者生命和健康密切相关。近十多年以来，生物医用材料及制品的市场一直保持 20% 左右的增长率。

生物医用材料按材料组成和性质分为医用金属材料、医用高分子材料、生物陶瓷材料和生物医学复合材料等。金属、陶瓷、高分子及其复合材料是应用最广的生物医用材料。按应用生物医用材料又可分为可降解与吸收材料、组织工程材料与人工器官、控制释放材料、仿生智能材料等（图 7-19）。

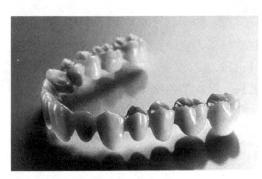

图7-19　有机高分子假牙

生物医用材料的研究和发展方向主要为：

① 改进和发展生物医用材料的生物相容性评价。

② 研究新的降解材料。

③ 研究具有全面生理功能的人工器官和组织材料。

④ 研究新的药物载体材料。

⑤ 材料表面改性的研究。

7.2.7 电子信息材料

电子信息材料是指在微电子、光电子技术和新型元器件基础产品领域中所用的材料，主要包括单晶硅为代表的半导体微电子材料；激光晶体为代表的光电子材料；介质陶瓷和热敏陶瓷为代表的电子陶瓷材料；钕铁硼（NdFeB）永磁材料为代表的磁性材料；光纤通信材料；磁存储和光盘存储为主的数据存储材料；压电晶体与薄膜材料；贮氢材料和锂离子嵌入材料为代表的绿色电池材料等。这些基础材料及其产品支撑着通信、计算机、信息家电与网络技术等现代信息产业的发展。

电子信息材料的总体发展趋势是朝着大尺寸、高均匀性、高完整性，以及薄膜化、多功能化和集成化方向发展。当前的研究热点和技术前沿包括柔性晶体管、光子晶体、SiC、GaN、ZnSe 等宽禁带半导体材料为代表的第三代半导体材料，有机显示材料以及各种纳米电子。

7.3　新材料的发展趋势

7.3.1 新材料产业的发展趋势

当今世界，科技革命迅猛发展，新材料产品日新月异，产业升级、应用更新换代步伐不断加快，新材料产业发展将会呈现以下趋势。

（1）新材料的发展更注重可持续发展，更体现以人为本

目前，世界各国都把新材料的发展与可持续发展紧密结合起来，更加注重新材料的发展与自然资源和环境的协调，资源的高效和重复利用，使新材料的发展更有效地纳入循环经济的模式。

新材料的发展除强调与资源、能源和环境协调发展外，则更加注重以人为本。随着人民对健康、安全等需求的提高，对生物医用材料、绿色环保材料、新型建筑材料等绿色健康材料的需求也越来越多。

（2）高新技术发展促使新材料产品不断更新换代

高新技术的快速发展对关键基础材料提出新的挑战和需求，同时材料更新换代又促进了高技术成果的产业化。随着万物互联、物联网、工业互联网等概念的加速落地，新材料技术正加速朝科技化方向发展。未来，自修复材料、自适应材料、新型传感材料、3D 打印材料等新材料技术将大量涌现，为生物医疗、国防军事以及航空航天等领域发展提供支撑。

（3）人工智能与新材料技术互为促进，加快新材料出现

传统的新材料研发过程，主要依赖科学直觉与实验判断，再加上大量的重复性实验来完成验证，可谓是历尽千辛万苦。而借助人工智能技术，新材料的研发和应用周期有望缩短一半以上。

新材料技术的突破将在很大程度上使材料产品实现智能化，拥有传感功能、反馈功能、信息识别和积累功能、响应功能、自诊断能力、自修复能力以及自调解能力。这些智能材料可以满足人工智能发展的要求。

（4）新材料产业上下游进一步融合，整合重组趋势加剧

高新技术的发展，使得新材料与信息、能源、医疗卫生、交通、建筑等产业结合越来越紧密，而激烈的市场竞争，优胜劣汰的自然规则，经济效益的强烈驱动，又加剧新材料产业整合重组，产业结构呈现出横向扩散和互相包容的特点。

元器件微型化、集成化的趋势，使得新材料与器件的制造一体化趋势日益明显，新材料产业与上下游产业相互合作与融合更加紧密，产业结构出现垂直扩散趋势。

随着新材料产业不断整合和重组，跨国公司及其分支机构在新材料产业的发展中将发挥出更大作用。这些企业规模大、研发能力强、产业链完善，他们通过战略联盟、大量的研发投入，在竞争中处于优势甚至垄断地位。

（5）中国加快承接产业转移，同时逐步实现进口替代

由于中国大陆拥有低廉的人工成本、庞大的市场需求和逐渐完善的产业链等优势，很多新材料细分领域均存在向中国产业转移的现象，且愈演愈烈。以半导体产业为例。世界集成电路发展历程经历了美欧垄断、日本崛起和亚太主导三个阶段，现正处于向中国大陆集中的阶段，产业东移趋势明显。

产业转移一般是将低附加值的劳动密集型产业转移至迁入国，而技术升级才是新材料产业发展的基础，其他驱动因素也均需以技术升级为基础。近年来国内 5G、新能源、军工、航空航天等新兴行业迎来快速发展阶段，但在上游关键材料领域仍处于高度依赖进口的状态，未来国产化需求迫切，进口替代将是行业成长主旋律。

7.3.2 新材料产业的热点领域

新材料等关键领域的突破将成为技术竞争的胜负手。作为多个产业链的上游环节，新材料产业的发展受到下游应用场景的极大制约，研发成果难以快速投入大规模使用等特

点，同互联网等高速迭代的行业相比显得市场节奏较为缓慢。

（1）纳米材料

纳米生物材料、纳米电子材料及器件、纳米医疗诊断等高端市场均被日、欧、美企业占据。以纳米银浆为例，国外几家大型企业占据全球 90% 以上的市场份额。中国纳米科

图7-20 华为Mate 20 X

技企业产量较小，尚未形成若干实力较大的厂商，产品以低端的纳米粉体和浆料为主，高端纳米材料多处于研发阶段，距离产业化还有较大的距离，国内存在巨大市场蓝海。

（2）石墨烯

石墨烯是目前世界上最薄、最硬、导电、导热性能最强的材料，其优质的物理特性使其成为传统石墨散热膜的理想替代材料，锂电材料和导热膜有望成为最大的下游应用，如用于智能手机、平板电脑、大功率节能 LED 照明、超薄 LCD 电视等方面。华为在2019 年发布的 Mate 20 X 智能手机中，首次将石墨烯用作散热材料，华为后续的多款手机也会采用石墨烯散热（图 7-20）。

（3）3D 打印材料

3D 打印材料向多元化发展，PLA 材料和 ABS 塑料占主导、金属和陶瓷材料前景较好（图 7-21、图 7-22）。中国基础 3D 打印材料发展迅速专利申请数量逐年递增，已基本满足国产设备的增材制造需要，其中普材占据半壁江山，国内自行研发的终端材料约占 40%，高性能金属粉末耗材等高品质材料以进口为主，约占 10%。

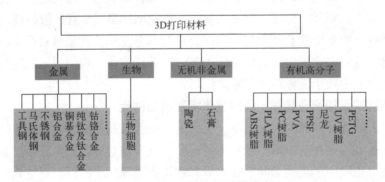

图7-21 3D打印材料种类

（4）超导材料

超导材料商业化需求保持稳定，商业、医疗保健和电力等工业领域的需求增加是主要增长因素。低温超导应用范围最广，但高温超导材料市场规模将随着技术进步而稳步扩大。新型低温超导及低成本高温超导材料值得关注。

（5）液态金属

液态金属是电力电子、计算机、通信等高新技术领域的关键材料，可部分替代传统的硅钢、坡莫合金和铁氧体材料。液态金属预计将占据行业重要地，是主导未来高科技竞争的超级材料之一。

图7-22　金属3D打印

（6）OLED 材料

　　OLED 被认为是替代 LCD 的新一代显示技术，可以实现复杂的曲面造型，在智能手机、可穿戴设备、VR 等领域得到广泛应用，带动 OLED 材料产业规模超高速增长（图 7-23、图 7-24）。目前 OLED 终端材料和有机发光材料存在较高的技术壁垒，有机发光材料中，日、韩厂商占据约 80% 的市场份额。

图7-23　三星OLED显示屏

图7-24　华为折叠屏手机OLED

（7）碳纤维复合材

碳纤维因其"轻而强"和"轻而硬"的特性，超 50% 的碳纤维材料应用在工业领域，2018 年风电叶片、航空航天、体育休闲及汽车工业领域占比 74%。从 2013—2018 全球碳纤维分领域需求增速情况来看，汽车零部件领域复合增长率达 33%，发展前景较大。

（8）功能性膜材料

随着我国新能源产业发展以及锂电池生产技术不断提升，我国已经成为世界上最大锂电池生产制造基地和第二大锂离子电池生产、出口国，对锂电池隔膜的需求也日益增长。

（9）稀土永磁材料

高性能钕铁硼永磁材料下游应用领域主要分为两大类，一类为新能源和节能环保领域，一类为传统应用领域。目前汽车领域是高性能钕铁硼永磁材料应用最多的场景。未来，新能源汽车领域是高端钕铁硼磁性材料需求的主要增长点。稀土永磁驱动电机性能优异，具有尽可能宽广的弱磁调速范围、高功率密度比、高效率、高可靠性等优势，能够有效地降低新能源汽车的重量和提高其效率，需求难以被替代。受益于新能源汽车的放量，高端钕铁硼的需求将快速增长。

（10）形状记忆合金

形状记忆合金由两种以上金属元素所构成，在受外界条件强制变形后，再经一定条件处理，恢复为原来形状，实现材料的变形可逆性设计和应用，目前主要有镍钛基记忆合金、铜基记忆合金、铁基记忆合金三类，其下游行业主要包括生物医药、航空航天、机械电子、桥梁建筑、汽车制造等。

（11）超材料

超材料是指一些具有天然材料所不具备的超常物理性质的人工复合结构或复合材料，典型的超材料有左手材料、光子晶体、超磁性材料、金属水等。超材料因其独特的物理性能而一直备受人们的青睐，在军事领域具有重大的应用前景。隐身是近年来出镜率最高的超材料应用，也是迄今为止超材料技术研究最为集中的方向，如我国的歼 -20 和美国的 F35 战斗机与 DDG1000 大型驱逐舰均应用了超材料隐身技术（图 7-25）。超材料在各类飞机、导弹、卫星、舰艇和地面车辆等方面得到广泛应用，军事隐身技术将发生革命性变革。

图7-25　我国的歼-20战斗机

7.4 材料创新设计案例

　　新材料的出现使得越来越多的设计师引以为用，创造着不同的设计形态，打破了以往规矩的创作方式，让观众大开眼界。设计师的设计作品必须通过物质媒介制造成现实的产品，所以关注新材料的发展必将给设计师的设计创新带来更多的灵感和启示，但其实设计师能做的还有更多，不仅仅可以利用好已有新材料，还可以让材料本身成为设计。

（1）吉冈德仁——面包椅、水晶椅

　　日本设计师吉冈德仁对于材料特性的把握是非常独到的，他的作品虽涉及多个设计领域，但都给人统一印象，即凸显了材料在作品中的重要地位。材料自身的潜在价值被吉冈德仁捕捉到，并通过作品放大，引导人们思考设计过程和结果。Pane椅，也叫意大利面包椅（图7-26）。灵感来自他对纤维材料的兴趣和研究，椅子最终使用的聚酯橡胶（TPEE），是大量实验后的结果，这种纤维材料多孔柔软，系统性地组织在一起形成强有力的支撑。聚酯橡胶材料，原用于医疗卫生行业，由于它同时具有塑料和橡胶的特点，吉冈德仁将它用在家具设计上，使作品呈现出成型快和弹性好的双重优点。面包椅将半圆柱形纤维块，用布包裹放入圆筒模具，在温度高达104℃烤箱中硬化固形。采用人们熟悉的"烘焙"方法——其实就是烘烤工艺成型，成型后的椅子保留了纤维的材质感，人为加工的痕迹减到最低。看似简单的设计，吉冈德仁却进行了大量实验，花费了大量时间来开发这把椅子，从概念到结束花费了三年时间。

图7-26　面包椅

　　吉冈德仁设计的"VENUS-天然水晶椅"的形状来自水晶的生长形态，这是一张极具开创性的椅子，让人过目不忘，通过水晶自然的结构让椅子自然生长，即这张椅子的设计

一半由吉冈德仁自己完成，另一半留给时间和自然（图7-27）。他接受半成品和随机性结果，依靠材料的自主性在时间和自然法则下的生长进行设计，借自然力造物。这样的产品及材料使用方式都是之前从未有过的。

图7-27　水晶椅

（2）合肥为先设计——小海星儿童防烫吸管

合肥为先设计利用记忆合金设计了一款产品：防烫吸管，充分利用了镍钛记忆金属的形变特点，通过材料对温度变化的感知，利用合金自身张力，挤压硅胶吸管，当水温高于50℃时，使饮用者无法吸到热水，水温合适时恢复原状，从而达到防烫功效（图7-28）。这款产品获得了2018国际CMF设计奖·最佳材料奖。

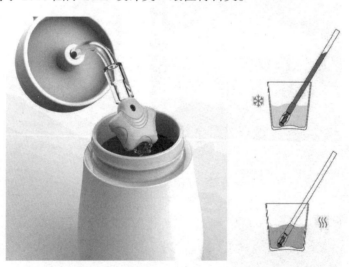

图7-28　合肥为先产品设计——小海星儿童防烫吸管

（3）Nendo工作室——水母花瓶

日本的设计师佐藤大的Nendo工作室也经常在设计材料的选用上让人为之惊叹。在水母花瓶这个设计中，Nendo在装满水的水族箱中放置了30个不同尺寸的水母花瓶，通过调控水流的力度和方向，使这些特殊材质的花瓶可以在水中随着水流游动，如同水母一般漂浮在水中。这些花瓶使用了两次染色的超薄半透明硅胶材质制作而成，通过材质的运用，打破了人们心中对于花瓶的成见，给人带来强烈的视觉冲击感（图7-29）。

图7-29　水母花瓶

透明椅的椅面是用聚氨酯薄膜（polyurethane film）制成的，是一种高分子材料，这种材料常用于包装精密仪器，能起到缓冲的作用。它的弹性很好，用在椅面上，就像一张悬浮在空中的吊床（图 7-30）。

图7-30　透明椅

在这把泡沫和碳纤维制成的椅子中，Nendo 以一种非常直接的方式将两种材料复合起来，结合了两种材质的优点，碳纤维轻盈而坚韧，但是却不易成型，泡沫可以成型，但是却极易碎裂，将碳纤维像胶带一样贴在泡沫的表面，就可以形成强度高、重量轻的复合材料，达到家具所需的强度，非常巧妙（图 7-31）。这种新的制造方法颠覆了传统的内部结构和外部覆层的组成，以及建筑和家具共同的基本制造过程，最终重组了结构形式和表面材料之间的关系。

图7-31　可视化结构椅子

（4）Carmen Hijosa——菠萝皮革

Carmen Hijosa 是一位西班牙设计师，她研发了一种面料叫作 Piñatex，即菠萝皮革，Piña 就是西班牙语中的菠萝（图 7-32）。1995 年，作为皮革商人的她去菲律宾出差看到当地妇女用菠萝叶子的纤维来编制传统服装。菠萝叶纤维柔韧灵活、弹性适度而且特性与动物皮革很像，Carmen 就想用它来做出一种植物皮革。在皮革业工作多年的经历让 Carmen 深深了解皮革制品对生态的蹂躏和破坏，其中不仅包含了对动物的残忍，在生产和加工过程中使用的大量化学制剂也会危害人的健康、破坏环境。50 岁的 Carmen 重返校园，她先进入了爱尔兰国家艺术设计学院攻读纺织品学的学士与硕士学位，并从最基础的纺织技术开始学起。2009 年，在无数次的实验和失败之后，Carmen 终于用菠萝叶纤维制造出了第一块菠萝皮革，这也成为她的硕士毕业作品。为了能进一步提升菠萝皮革的品质，57 岁的 Carmen 又到英国皇家艺术学院开始攻读纺织学博士并正式把菠萝皮革推向市场，2014年，她组建了一支研发团队开始大规模生产菠萝皮革产品。Carmen 生产的菠萝皮革在性能上甚至可以超越动物皮革，柔软结实、轻薄透气，也很容易印染，性价比很高，它可以加工成鞋、包，汽车和飞机座椅等各种产品，用途非常广泛，Puma 和 Camper 等国际品牌已经纷纷开始与 Carmen 合作。H&M 模特身上的那件皮外套和靴子，均采用菠萝纤维制造出纯素皮革。

图7-32 Carmen和她的菠萝皮革

Carmen 研发的菠萝纤维面料，让设计师拥有更多环保的选择（图7-33）。与传统皮革的生产过程不同，菠萝皮革的制造过程不使用有毒化学品和重金属，对环境和制造材料的人都没伤害，并且这些剩下来的菠萝叶子，又会成为肥料，对于菲律宾当地的农民来说 Carmen 也带来了变废为宝的机会，在此之前当地农民在收获成熟的菠萝后通常会把叶子作为垃圾直接丢掉，现在，他们通过采集处理菠萝叶纤维可以获得不少收入，Carmen 的这一举动不仅救了动物，也让当地的农民生活得更好。

Carmen 说过，设计不只是关乎产品，更是一份责任，我们必须要考虑的是我们的所想所做，将会造成的后果。

接下来的两个案例都和工业设计的学生关系更加密切。

图7-33　使用菠萝皮革设计制作的皮外套和靴子

（5）Newspaper Wood

设计师 Mieke Meijer 毕业于埃因霍温设计学院工业设计专业，他们的工作室 Vij5，研发了一种新材料，Newspaper Wood，这个想法最早成型于她还是一名设计系学生的时候，她看到在日常生活中每天都产生了大量的废旧报纸，造成了巨大的浪费，于是把这些报纸通过层叠卷起加固的方式，变成类似树桩的原材料，当切成木板时，侧面的纹理和木头的年轮形成的纹理非常相似，不仅看起来相似，使用起来和木头也非常像，可以运用在各种产品中。将旧报纸回收再利用做成了类似木材的材料，这是一个非常有意思的打破常规的设计，不是从木头到报纸，而是从报纸到木头的反向思维。后来他找到了团队，完善加工工艺，最终把这个产品商品化了，形成了一系列产品，目前还在网上售卖，并且价格不菲（图7-34）。

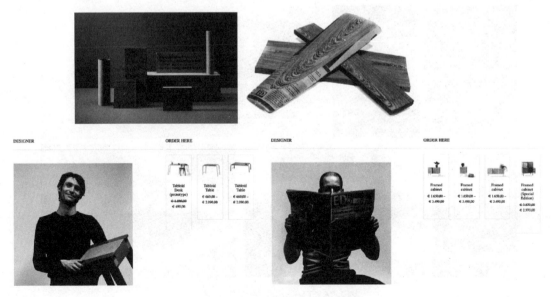

图7-34　Newspaper Wood家具

（6）Orimetric

丹麦设计师 Mads Hansen，在他从纽约普拉特艺术学院（Pratt Institute）获得工业设计硕士学位后，创建了 trex:lab，并用他研究生阶段的课题成果开发创造出一种新的硅胶材料，这种材料成功地将传统与现代融合在一起，以日本传统折纸艺术 Origami 为灵感，创造出了一种新的材料——Orimetric（图 7-35）。

图7-35　Mads Hansen和他的trex:lab

这种结合了日本传统的折纸工艺和现代的制造成型技术的材料，利用了折纸本身的结构，提高了材料的强度，减震性和膨胀性，这种材料的机械性能已经被证明抗断裂性能非常好，还可以很好地吸收能量，可以作为强大的减震材料，应用在包装、护具甚至防弹衣上。Origmetric 的概念是通过在织物上涂上特定的树脂、橡胶和硅胶来提高材料的外观和质量的。后期的原型制作主要是通过 3D 建模和打印折纸模具完成的。最终，正确的材料、图案和成型技术的结合转化为一种新概念材料。

Mads 的 Trex：Lab 目前正在探索 Orimetric 可以运用在哪些领域，它的减震性并不是目前材料中独一无二的，但它的伸展性和审美性非常好，材料本身就足够漂亮，它可以作为小包装使用，保护产品（图 7-36）。在设计和建筑领域，这种材料的美学设计和吸音质量也大有可为。

图7-36　Orimetric的应用尝试

（7）纸黏土空气加湿器

纸黏土空气加湿器是一个可持续设计项目，设计师 Maxime Louis 邀请了陶艺师和流体力学工程师研制了一种创新复合材料，在天然陶土材料的基础上，结合物理知识制成了一种纸质复合多孔陶土，这种新材料不仅自带改良的吸水特性，也不会在水中分解（图7-37）。当水蒸发时，环境温度降低，同时给空气加湿。虽然长期以来人们也利用毛细作用在没有电的情况进行空气加湿和冷却，但法国产品设计师 Maxime Louis 的纸黏土空气加湿器制作得格外美观，它利用了毛细作用的现有原理，赋予了传统材料新的使用方式，更有效地将水分扩散到周围的空气中，加湿器的波浪叶片不仅仅出于审美考量，还增加了表面积帮助蒸发，而且占地面积很小，就像一个雕塑艺术品。这项设计混合了工业设计和材料研究的工作，利用了古代技术满足了现代可持续设计的需求，是一项非常优秀的可持续设计。

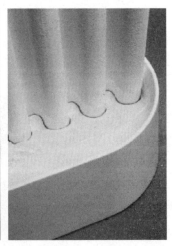

图7-37　Maxime Louis设计的纸黏土空气加湿器

所以新材料的研发不仅仅是材料工程师和科研人员的工作，作为设计师可以从以下几个角度入手。

① 绿色材料的发掘。

② 材料结构的创新。

③ 减少材料的使用。

④ 不同材料的复合与嵌合。

⑤ 对传统材料和新材料的创新应用。

当新材料被发现或开发出来时，一方面，设计师可以通过利用新材料的特性来创造出独特的设计，这有助于创新和推动产品和系统的进步。例如，新的轻质、高强度材料可以用于设计更轻、更坚固的产品，同时也可以节省材料和减少成本。另一方面，设计师的需求和创意也可以促进新材料的研发。设计师可以提出新的材料需求，例如需要更高的耐磨性、更好的导热性或更高的透明度等。这些需求可以促使材料科学家和工程师开发出新的材料或改进现有材料，以满足设计师的要求。因此，新材料和设计之间的互动可以推动彼此的进步和创新，这也是材料科学和设计领域之间紧密联系的体现。

思考题

1. 现有材料和新材料有哪些是你可以利用的？请说明获得方法。
2. 是否可以创造一种新材料来实现你的设计？请举例说明。

参考文献

[1] 程能林. 产品造型材料与工艺[M]. 北京：北京理工大学出版社，1991.

[2] 周达飞. 材料概论[M]. 北京：化学工业出版社，2001.

[3] 程能林. 工业设计手册[M]. 北京：化学工业出版社，2008.

[4] 迈克尔·F. 阿什比. 产品设计中的材料选择[M]. 北京：机械工业出版社，2017.

[5] 陈于书，徐伟. 家具造型设计[M]. 北京：中国林业出版社，2021.

[6] 吴智慧. 木家具制造工艺学[M]. 3版. 北京：中国林业出版社，2017.

[7] 江泽慧. 世界竹藤[M]. 北京：科学出版社，2002.

[8] 吴智慧，李吉庆，袁哲. 竹藤家具制造工艺学[M]. 北京：中国林业出版社，2017.

[9] 费本华，陈红，刘焕荣. 圆竹家具学[M]. 北京：科学出版社，2021.

[10] 蔡志楷，梁家辉. 3D打印和增材制造的原理及应用[M]. 陈继民，陈晓佳，译. 北京：国防工业出版社，2017.

[11] 史蒂芬·霍斯金斯. 3D打印[M]. 梅铁铮，译. 厦门：鹭江出版社，2016.

[12] 蔡启茂，王东. 3D打印后处理技术[M]. 北京：高等教育出版社，2019.

[13] 李博，张勇，刘谷川，等. 3D打印技术[M]. 北京：中国轻工业出版社，2018.

[14] 郑月婵. 3D打印与产品创新设计[M]. 北京：中国人民大学出版社，2019.

[15] 张道一. 工业设计全书[M]. 江苏：江苏科技出版社，1999.

[16] 李乐山. 工业设计思想基础[M]. 北京：中国建筑工业出版社，2001.

[17] 赵江洪. 设计艺术的含义[M]. 长沙：湖南大学出版社，1999.

[18] 周珊珊，李长胜. 高分子材料[M]. 北京：印刷工业出版社，1993.

[19] 黄锐. 塑料成型工艺学[M]. 北京：中国轻工业出版社，1997.

[20] 西北轻工业学院. 玻璃工艺学[M]. 北京：中国轻工业出版社，1983.

[21] 吴以慎. 金属与非金属材料[M]. 北京：人民交通出版社，1985.

[22] 李家驹. 日用陶瓷工艺学[M]. 武汉：武汉工业大学出版社，1992.

[23] 梅尔·拜厄斯. 50款产品：设计与材料的革新[M]. 北京：中国轻工业出版社，2000.

[24] 长崎诚三，井垣谦三，等. 金属知识大全[M]. 王焰，译. 北京：科学普及出版社，1987.

[25] 杨永善. 陶瓷造型基础[M]. 北京：中国轻工业出版社，1985.

[26] Charies A. Harper. 产品设计材料手册[M]. 北京：机械工业出版社，2004.

[27] 库法罗，等. 工业设计技术标准常备手册[M]. 上海：人民美术出版社，2009.

[28] 克里斯·拉夫特里. 产品设计工艺[M]. 北京. 中国青年出版社，2008.